普通高等教育应用技术型院校艺术设计类专业规划教材　总主编 / 许开强　胡雨霞　章　翔

# 建筑设计初步

主　编　刘　波　史　青
副主编　牛　琳　郭婷婷
　　　　张亚南　刘凯娜　李　闪

合肥工业大学出版社

**图书在版编目（CIP）数据**

建筑设计初步/刘波等主编.—合肥：合肥工业大学出版社，2018. 1
ISBN 978-7-5650-3235-6

Ⅰ.①建…　Ⅱ.①刘…　Ⅲ.①建筑设计—高等学校—教材　Ⅳ.①TU2

中国版本图书馆CIP数据核字（2017）第013060号

# 建 筑 设 计 初 步

主　　编：刘　波　史　青　　　责任编辑：袁　媛　王　磊
书　　名：普通高等教育应用技术型院校艺术设计类专业规划教材——建筑设计初步
出　　版：合肥工业大学出版社
地　　址：合肥市屯溪路193号
邮　　编：230009
网　　址：http://press.hfut.edu.cn/
发　　行：全国新华书店
印　　刷：安徽联众印刷有限公司
开　　本：889mm×1194mm　1/16
印　　张：5.5
字　　数：320千字
版　　次：2018年1月第1版
印　　次：2018年1月第1次印刷
标准书号：ISBN 978-7-5650-3235-6
定　　价：42.00元
发行部电话：0551-62903188

# 普通高等教育应用技术型院校艺术设计类专业规划教材

## 教材编写委员会

劳动创造是人类进化的最主要因素。从蒙昧的石器时期到营养的农耕社会，从延展机体的蒸汽革命到能源主导的电气时代，再扩展到今天智能驱动的互联网时代，人类靠不断地创造使自己成为世界的主人。吴冠中先生曾经说过：科学探索物质世界的奥秘，艺术探索精神情感世界的奥秘。艺术与设计恰恰是为人类更美好的物化与精神情感生活提供全方位服务的交叉应用学科。

当前，在产业结构深度调整、服务型经济迅速壮大的背景下，社会对设计人才素质和结构的需求发生了一系列的新变化……并对设计人才的培养模式提出了新的挑战。现在一方面是大量设计类毕业生缺乏实践经验和专业操作技能，其就业形势严峻；另一方面是大量企业难以找到高素质的设计人才，供求矛盾突出。随着高校连续十多年扩招，一直被设计人才供不应求所掩盖的教学与实践脱节的问题更加凸显出来，并促使我们对设计教学与实践进行反思。目前主要问题不在于设计人才的培养数量，而是设计人才供给、就业与企业需求在人才培养方式、规格上产生了错位。要解决这一问题，设计教育的转型发展是必然趋势，也是一项重要任务。向应用型、职业型教育转型，是顺应经济发展方式转变的趋势之一。李克强总理明确提出要加快构建以就业为导向的现代职业教育体系，推动一批普通本科高校向应用技术型高校转型，并把转型作为即将印发的《现代职业教育体系建设规划》和《国务院关于加快发展现代职业教育的决定》中强调的优先任务。

教材是课堂教学之本，是展开教学活动的基础，也是保障和提高教学质量的必要条件。不少高校囿于种种原因，形成了一个较陈旧的、轻视应用的课程机制及由此产生的脱离社会生活和企业实践的教材体系，或以老化、程式化的教材结构维护以课堂为中心的教学方法。为此，组建各类院校设计专业骨干构成的作者团队，打造具有实践特色的教材，将促进师生的交流互动和社会实践，解决设计教学与实践脱节等问题，这也是设计教育改革的一次有益尝试。

该系列教材基于名师定制知识重点、剖析项目实例、企业引导技能应用的方式，实现教材“用心、动手、造物”的实战改革思路，切实构建“学用结合”的应用人才培养模块。坚持实效性、实用性、实时性和实情性特点，有意简化烦琐的理论知识，采用实践课题的形式将专业知识融入一个个实践课题中。该系列教材课题安排由浅入深，从简单到综合；训练内容尽力契合我国设计类学生的实际情况，注重实际运用，避免空洞的理论介绍；书中安排了大量的案例分析，利于学生吸收并转化成设计能力；从课题设置、案例分析、参考案例到知识链接，做到分类整合、交互相促；既注重原创性，也注重系统性；整套教材强调学生在实践中学，教师在实践中教，师生在实践与交互中教学相长，高校与企业在市场中协同发展。该系列教材更强调教师的责任感，使学生增强学习的兴趣与就业、创业的能动性，激发学生不断进取的欲望，为设计教学提供了一个开放与发展的教学载体。笔者仅以上述文字与本系列教材的作者、读者商榷与共勉。

原湖北工业大学艺术设计学院院长
现任武汉工商学院艺术与设计学院院长
湖北工业大学学术委员会副主任

# 前言

建筑设计初步作为高校环境设计专业、工民建专业的一门基础课，长期以来都深受学生们喜爱。通过本课程的学习，学生可对建筑及其相关概念、发展历程、小型建筑方案设计方法等理论知识将有一个系统的认识。本书详细向学生们讲解建筑设计的初步知识，培养学生对建筑艺术的兴趣爱好。全书依次介绍了建筑概述、中西方建筑发展简史、小型建筑方案设计、建筑平面图设计、建筑立面图设计、建筑结构图设计、建筑效果图设计、建筑动画设计、建筑模型制作、绿色建筑设计等方面的知识内容，为学生打下一个系统而坚实的建筑设计理论基础。

同时本教材也主要以应用型本科院校的实际教学情况而开展撰写，更加贴近这类学生的学习特点，也更加符合因材施教的教学规律。教材语言深入浅出、图文并茂，体现设计类教材特征。在教材内容上由浅入深、循序渐进，将建筑设计项目的每个环节展示给读者，能最大限度地提高学生的阅读兴趣，将理论性与实践性紧密结合。

本次教材撰写工作主要由湖北商贸学院、武汉设计工程学院、武昌理工学院的环境艺术设计专业骨干教师担任。由于编写时间仓促，编者学术水平有限，书中肯定有不到之处，恳请评判指正。

刘　波

2017 年 12 月

目录
contents

1

# 第1章　建筑概述

**本章课程概述：**

本章主要引入建筑的内涵，从几个角度阐述建筑的定义，通过对建筑基本构成要素的学习和对建筑空间、建筑属性、建筑分类与分级的讲解，使同学们从建筑师的角度了解环境设计专业未来的就业方向。

**本章学习目标：**

运用建筑学原理，使初学者对建筑基本常识有一个系统性的认识。

**本章教学重点：**

理解建筑的内涵、分类与分级、建筑空间、建筑属性和注册建筑师制度。

谈到建筑，大家会联想到古今中外一些著名的建筑，如北京故宫外朝三大殿：太和殿、中和殿、保和殿，上海标志性建筑——上海环球金融中心以及上海世博园中国馆、埃及胡夫金字塔、迪拜哈利法塔等。这些建筑之塑造举世瞩目，是因为它们在建筑史上留下了重要的足迹，建筑形象和设计手法因其具有鲜明的个性和独特的魅力而深入人心。学习建筑，我们首先从了解建筑的内涵开始。(图 1-1 ～图 1-6)

图 1-1 故宫鸟瞰图

图 1-2 太和殿

图 1-3　中和殿

图 1-4　保和殿

图 1-5　上海环球金融中心

图 1-6　迪拜哈利法塔

## 1.1 建筑的内涵

有人认为建筑和房子是两个相同的概念，其实两者之间有着密切的联系，但内涵却不同。我们可以从四个方面进行分析：从单体建筑的角度看，北京天坛、地坛、罗马竞技场、万神庙、法国巴黎圣母院等，都是世界著名的建筑，不是房子；从构筑物的角度看，桥梁和水塔不是房子，而是建筑；从建筑规划的角度看，建筑群的规划不仅仅是简单地对若干房子的规划，还要考虑建筑所处地域的历史、文化、地理环境和气候条件等因素。总之，建筑不仅仅是房子，但房子一定是建筑。

建筑的内涵比较广，概括来讲，有如下几个方面：

### 1.1.1 建筑是庇护所

庇护所是建筑最原始的含义。所谓庇护所，是指可以让人们免受恶劣天气和敌兽侵袭的场所。在原始社会时期，原始人类改造自然的能力极其低下，居住在天然洞穴之中。洞穴就是原始人类的庇护所，是原始人类躲避风霜雨雪的场所。洞穴是原始的居住空间——穴居，该生活方式主要集中在当时黄河流域的黄土地带。

### 1.1.2 建筑是由实体和虚无所组成的空间

从空间的角度上讲，建筑空间有建筑内环境和建筑外环境。建筑内环境中的实体是指门、窗、墙体、柱子、梁、板等结构构件。建筑内环境中的虚无是实体部分所围合的部分。建筑外环境是若干栋建筑所围合形成的空间环境，包括植物、道路、水体、景观设施等要素，这构成了建筑外部环境，是“虚”的空间；而若干建筑是实体部分。

### 1.1.3 建筑是三维空间和时间组成的统一体

无论是建筑内部空间还是建筑外部形态，都有相应的长度、宽度和高度之分。这些构成了建筑的三维空间，从而使人们可以多角度、立体地观察建筑形象。时间作为建筑的另一载体，赋予了建筑更加深刻的内涵，如展览馆或博物馆中反映历史题材的展品，通过采用声、光、电等技术实现历史场景的再现，让观众有种身临其境的感受；再如，圆明园等建筑遗址成为时间和空间的载体，承载了中国晚晴时期被英、美等八国侵略的历史，成为一部生动的历史教科书。

### 1.1.4 建筑是艺术与技术的综合体

建筑设计是一门艺术设计，主要反映在建筑表现上。对于建筑创作者而言，建筑表现应体现艺术审美的一般规律，符合人们的审美情趣，与设计主题紧密联系。同时，建筑创作也离不开技术支持，建筑技术为建筑艺术的实现提供支持。主要反映在建筑材料、建筑结构、建筑施工等方面的应用上。

泛美金字塔是美国旧金山最高的摩天大楼和后现代主义建筑。它位于历史悠久的蒙哥马利区，建筑高度为 260 米，共有 48 层，用途为商业和办公。该建筑为 1969 年开始建造，1972 年完工，大楼落成后，泛美公司将总部从街对面一座办公楼搬入这座大楼。大楼金字塔造型是一个创新的设计方案，成为旧金山天际线最重要的组成元素之一。大楼为四面金字塔造型，东面是电梯井，西面是楼梯井。大楼最高处的 64.6 米为尖顶，尖顶的顶端是一个虚拟观景平台。其顶部覆盖以铝板，在休假季节、感恩节和独立日，楼顶会亮起一束白光。(图 1-7)

图 1-7 泛美金字塔

瑞士再保险大厦位于英国伦敦的金融城，绰号“腌黄瓜”，是一座玻璃外观的尖顶摩天大厦，建筑高度为 180 米，共有 40 层，该建筑 2004 年建成完工。这栋子弹模样、螺旋式的建筑，建成后便成为伦敦金融城的核心地带。大楼的中央是巨大的圆柱形主力场，作为建筑的重力支撑。大楼首两层为商场，最顶的两层是 360 度的旋转餐厅和娱乐俱乐部。整栋建筑采用旋转型设计，光线由每层旋转的楼层侧照，有散热的功能。另一方面，新鲜空气可以利用每层旋转的楼层空位，通遍全座大楼。（图 1-8）

图 1-8 瑞士再保险大厦

### 1.1.5 建筑内涵的其他提法

“建筑是凝固的音乐”这一名言由德国著名哲学家谢林提出，后人在此基础上补充道：“音乐是流动的建筑。”这两句话显示出建筑与音乐之间有许多相通或相似之处。例如，在建筑立面造型上讲究建筑元素的节奏感和韵律美，在音乐中运用节奏、旋律、腔调、装饰音等表达情感。

日本当代建筑大师安藤忠雄提出：“建筑是生活的容器。”人们生活不仅仅为了生存，还需工作、人际交往、健身、娱乐、学习等。如果将建筑比喻为“容器”，墙面和屋顶就是容器的外壳，建筑作为容器需要满足人们日常生活中的全部需求。（图 1-9 ～图 1-12）

许多建筑师针对中国古代建筑发展特色，提出“建筑是一部木头的史书”。中国古代建筑主要以结构

图 1-10 住吉长屋建筑内部

图 1-11 住吉长屋室内空间

图 1-9 住吉长屋建筑外观

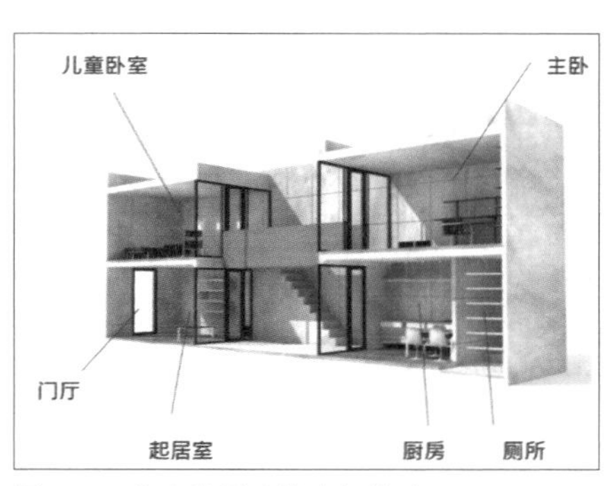

图 1-12 住吉长屋建筑内部构造

建筑为主。其建筑类型涵盖了民居建筑、园林建筑、陵墓建筑、宗教建筑、宫殿坛庙建筑等。这两种提法从两个不同侧面反映出建筑发展的特征。

关于建筑的内涵，现代建筑大师还有以下观点：法国著名建筑师、机械美学理论的奠基人勒 · 柯布西耶（1887—1965），提出“建筑是住人的机器”（图 1-13 ～图 1-16）；美国建筑大师弗兰克 · 劳埃德 · 赖特（1867—1959）认为“建筑是用结构来表达思想的科学性艺术”等。（图 1-17 ～图 1-20）

图 1–13 萨伏伊别墅建筑外观

图 1–14 萨伏伊别墅的室内空间

图 1–15 萨伏伊别墅的楼梯空间

图 1–16 萨伏伊别墅的内部空间

图 1–17 流水别墅建筑外观

图 1–18 流水别墅局部外观

图 1–19 流水别墅客厅空间

图 1–20 流水别墅走廊空间

## 1.2 建筑的基本构成要素

通过上一节的学习，我们可以从建筑的内涵中感受到建筑是一个综合性学科，建筑设计需以人为本。早在古罗马时期，著名建筑师马可 · 维特鲁威就提出了建筑的三要素：实用、经济和美观，并总结了当时的建筑经验，编写出著名的理论著作《建筑十书》。中华人民共和国成立之初，我国就建筑创作提出“适用、经济、在可能条件下注意美观”的建筑方针。后来随着建筑业的不断发展，以及我国经济建设的蓬勃发展，1986 年原建设部明确指出建筑业的主要任务是“全面贯彻适用、安全、经济、美观”的方针。当前，由于节能建筑和智能建筑的不断建设、人们审美要求的不断提升，人们对建筑设计与施工又提出了更高的要求。建筑的基本构成要素就是建筑三要素和建筑方针的具体表现。

### 1.2.1 使用功能要求

不同的建筑类型有着不同的建筑功能，但均要满足基本的功能要求。

（1）使用功能要求

建筑使用功能不同，建筑设计的要求也有所差异。例如，火车站候车大厅要求满足旅客验票与登车之前休息的功能；影剧院要求视听效果良好，观众疏散速度快；展览馆与博物馆要求用电安全、室内保持良好的通风环境；高速公路上的服务区建筑要求具备购物、休息、餐饮的功能；幼儿园要求幼儿生活用房、工作人员服务用房和后勤人员供应用房相对独立设置等功能。

（2）尺度要求

对于建筑尺度而言，建筑的尺度和建筑设计目标应统一。例如，人民英雄纪念碑有一种庄严、雄伟、挺拔的尺度感。对于室内空间而言，室内空间尺度应满足人们在室内活动的需要，尺寸不宜过大或过小。例如：平层住宅的建筑层高宜为 3m，尺寸过大不仅浪费了相应的建筑材料，而且给人空荡荡的感受；尺寸过小会使人们心理上产生压抑感甚至影响使用功能。对于室内空间中的家具而言，尺度上应满足人们的使用要求，如卧室中矩形双人床的宽度应为 1500 ～ 1800mm，长度应为 1800 ～ 2100mm，床头靠背应距离地面 1060mm 左右。

（3）物理性能要求

建筑设计要达到节能要求，而建筑要有良好的保温、隔热、隔音、防火、防潮、采光与通风等物理性能。这也是人们创造实用、舒适的工作、生活、学习环境所必备的条件。例如：近年来 Low-E 玻璃因其优异的保温隔热性能已在建筑物门窗设计与施工中逐步普及，同时可以有效避免光污染；在影院观众厅的吸声天花板上加设一层隔音吊顶，可以有效解决因影院上部结构传来的噪音对视听环境的干扰；自动喷水灭火系统普遍应用在大型商场、酒店、办公楼中。当建筑物发生火灾时可以起到自动喷水灭火的功能；老年人公寓、敬老院、养老院等建筑不应低于冬至日（一般在公历 12 月 22 日或 12 月 23 日）日照 2 小时的标准等。

### 1.2.2 物质技术条件

（1）建筑结构技术

随着建筑科技的不断发展，建筑结构技术日新月异，无论是富有强烈时代气息的大跨度的场馆建筑、高耸的摩天大楼，还是带有传统仿旧韵味的特色建筑，建筑结构技术都应用在建筑设计与建筑施工中。

（2）建筑材料

在上述的建筑结构介绍中，我们可以感受到建筑材料与建筑结构之间紧密的联系。建筑材料是随着科技的发展而不断革新的。从木材建筑到砖瓦建筑，再到后来出现的钢铁、水泥、混凝土及其他材料，它们为现代建筑的发展奠定了基础。20 世纪后，保温隔热材料、吸声降噪材料、耐火材料、防水抗渗材料、防爆防辐射材料应运而生，尤其是塑胶材料的出现给建筑创造开辟了新的空间。这些新型建筑材料往往被建筑师应用在地标性建筑上。例如，上海中心大厦是新的上海市地标，其建筑外观采用双层玻璃为幕墙；中央电视台新大楼外观采用薄型铝合金玻璃为幕墙，是对传统幕墙理念的革新；苏州市观前街上某建筑外立面采用大面积的玻璃和铝塑板进行装饰。( 图 1-21、图 1-22)

图 1-21 上海中心大厦

图 1-22 中央电视台

（3）建筑施工

建筑施工是指建筑设计单位在建筑施工图纸完成之后，施工单位依据图纸要求在指定地点实施建筑建设的生产活动。建筑施工包括施工技术和施工组织两个方面。

当今的建筑施工普遍存在建筑工程规模大、建设周期长、施工技术复杂、质量要求高、工期限制严格以及工作环境艰苦、不安全因素相对较多等特点，因此，提高建筑施工技术及加强建筑施工组织显得尤为重要。

## 1.3 建筑空间形象

（1）建筑内部空间形象

建筑室内空间的尺度、界面的造型、家具和陈设品等要素构成了建筑内部空间形象。不同的建筑内部空间形象会给人们不同的感受。

（2）建筑外部空间形象

建筑外观形象主要是指建筑体形、建筑外部立面和屋顶形态、细部装饰构造等。

（3）建筑色彩空间形象

建筑色彩形象主要是指建筑外立面建筑材料的色彩搭配、装饰色彩、建筑内部空间装饰装修后的色彩搭配等。

## 1.4 建筑属性

建筑是人们谈论最多、相处最多的环境空间（包含衣、食、住、行等），往往也是人们知道得最多的事物。事实上，建筑为人而用，既有物质功能，又有精神功能，有着十分丰富的内涵，其内涵系统构成建筑的基本属性，建筑属性主要包含以下几个方面：

时空性：建筑依实构虚，应时而存。

技术性：建筑依技术而为，物质构成保障。

艺术性：建筑既为使用对象，又为审美对象。

民族性和地方性：地域产生特色，民族审美各异，形成建筑形式和风格的差异。

历史性和时代性：建筑作为文化的载体，铭记历史。

## 1.5 建筑分类与分级

### 1.5.1 按使用功能分类

建筑一般分为民用建筑、工业建筑。民用建筑主要是供人们日常居住生活的建筑物。工业建筑主要是供人们从事各类生产活动的建筑物。

### 1.5.2 按民用建筑使用功能分类

民用建筑一般分为居住建筑、公共建筑。

居住建筑：供人们休息、生活起居所使用的建筑物，如住宅、宿舍、公寓、旅馆等。

公共建筑：供人们进行政治、经济、文化科学技术交流活动等所需要的建筑物，如生活服务、托幼、文教、科研、医疗、商业、行政、交通、广播通讯、体育、观演、展览、旅馆、园林、纪念等建筑。（图 1-23、图 1-24）

图 1-23 民用住宅小区建筑

图 1-24 民用住宅火车站

### 1.5.3 按工业建筑使用功能分类

工业建筑一般分为轻工业、纺织、机械、石油、化工、食品加工等类建筑。(图 1-25、图 1-26)

图 1-25 工业办公楼建筑

图 1-26 工业厂房建筑

### 1.5.4 按民用建筑的规模和数量分类

大量性建筑：住宅、中小学校、医院、影剧院等。(图 1-27 ～图 1-30)

图 1-27 医院建筑

图 1-28 校园建筑鸟瞰

图 1-29 体育场建筑鸟瞰

图 1-30 飞机场建筑鸟瞰

### 1.5.5 按民用建筑的层数分类

低层：一～三层

多层：四～六层

中高层：七～九层

高层：十层以上或 28m 以上

超高层：30 层或 100m 以上

### 1.5.6 按使用性质和耐久性规定建筑物的等级分类

表 1-1 建筑物使用性和耐久性的等级分类

| 建筑等级 | 建筑物性质 | 耐久年限 |
| --- | --- | --- |
| 一 | 具有历史性、纪念性、代表性的重要建筑物，如纪念馆、博物馆、大会堂等 | 100 年以上 |
| 二 | 重要的公共建筑，如行政大楼、火车站、国际宾馆、大型体育馆、大剧院等 | 50 年以上 |
| 三 | 比较重要的公共建筑和居住建筑，如医院、高等学校以及主要工业厂房等 | 40~50 年 |
| 四 | 普通的建筑物、如文教、交通、居住建筑以及主要工业厂房等 | 15~40 年 |
| 五 | 简易建筑和使用年限在五年以下的临时建筑 | 15 年以下 |

## 1.6 注册建筑师

注册建筑师，是指经考试、特许、考核认定取得中华人民共和国注册建筑师执业资格证书（以下简称执业资格证书），或者经资格互认方式取得建筑师互认资格证书（以下简称互认资格证书），并按照本细则注册，取得中华人民共和国注册建筑师注册证书（以下简称注册证书）和中华人民共和国注册建筑师执业印章（以下简称执业印章），从事建筑设计及相关业务活动的专业技术人员。2014 年 10 月 23 日国务院令取消了注册建筑师的行政审批，由全国注册建筑师管理委员会负责其具体工作。

### 1.6.1 级别分类

注册建筑师分为一级注册建筑和二级注册建筑师。

### 1.6.2 管理制度

（1）国家实行注册建筑师全国统一考试制度，注册建筑师全国统一考试办法，由国务院建设行政主管部门会同国务院人事行政主管部门和国务院其他有关行政主管部门共同制定，由全国注册建筑师管理委员会组织实施。

（2）注册建筑师实行注册执业管理制度。取得执业资格证书或者互认资格证书的人员，必须经过注册方可以注册建筑师的名义执业。

（3）注册建筑师执行业务，应当加入建筑设计单位。注册建筑师执行业务，由建筑设计单位统一接受委托并统一收费。

### 1.6.3 资格获取

（1）专业学习

根据自身的情况制订一个合理的计划，安排好自己的学习时间，什么时间学习什么，想要达到什么样的效果，都要在计划中标注清楚。平时大家上班都很累，所以闲余时间很容易放松自己，因此考生要制订一个复习计划表来约束自己，做好注册建筑师的备考工作。

（2）资格报考

①符合下列条件之一的，可以申请参加一级注册建筑师考试：

a. 取得建筑学硕士以上学位或者相近专业工学博士学位，并从事建筑设计或者相关业务 2 年以上的；

b. 取得建筑学学士学位或者相近专业工学硕士学位，并从事建筑设计或者相关业务 3 年以上的；

c. 具有建筑学业大学本科毕业学历并从事建筑设计或者相关业务 5 年以上的，或者具有建筑学相近专业大学本科毕业学历并从事建筑设计或者相关业务 7 年以上的；

d. 取得高级工程师技术职称并从事建筑设计或者相关业务 3 年以上的，或者取得工程师技术职称并从事建筑设计或者相关业务 5 年以上的；

e. 不具有前四项规定的条件，但设计成绩突出，经全国注册建筑师管理委员会认定达到前四项规定的专业水平的。

②符合下列条件之一的，可以申请参加二级注册建筑师考试：

a. 具有建筑学或者相近专业大学本科毕业以上学历，从事建筑设计或者相关业务 2 年以上的；

b. 具有建筑设计技术专业或者相近专业大学毕业以上学历，并从事建筑设计或者相关业务 3 年以上的；

c. 具有建筑设计技术专业 4 年制中专毕业学历，并从事建筑设计或者相关业务 5 年以上的；

d. 具有建筑设计技术相近专业中专毕业学历，并从事建筑设计或者相关业务 7 年以上的；

e. 取得助理工程师以上技术职称，并从事建筑设计或者相关业务 3 年以上的。

（3）聘发证书

取得一级注册建筑师资格证书并受聘于一个相关单位的人员，应当通过聘用单位向单位工商注册所在地的省、自治区、直辖市注册建筑师管理委员会提出申请；省、自治区、直辖市注册建筑师管理委员会受理后提出初审意见，并将初审意见和申请材料报全国注册建筑师管理委员会审批；符合条件的，由全国注册建筑师管理委员会颁发一级注册建筑师注册证书和执业印章。

二级注册建筑师的注册办法由省、自治区、直辖市注册建筑师管理委员会依法制定。

### 1.6.4 受聘执业

取得资格证书的人员，应当受聘于中华人民共和国境内的一个建设工程勘察、设计、施工、监理、招标代理、造价咨询、施工图审查、城乡规划编制等单位，经注册后方可从事相应的执业活动。

从事建筑工程设计执业活动的，应当受聘并注册于中华人民共和国境内一个具有工程设计资质的单位。

## 课后思考与复习题

1. 解释一下建筑的内涵。
2. 建筑的空间形象包含哪些部分？
3. 请回答民用建筑的分类及各自用途。
4. 注册建筑师的分类，取得一级注册建筑师需具备哪些条件？

注：文中 1.2、1.5 两节使用的部分图片由武汉市自由数字有限公司提供。

# 第2章 中西方建筑简史

**本章课程概述:**

中国是一个幅员广阔、历史悠久的多民族国家，我国古代文化曾经在世界历史上有着极其巨大而辉煌的成就，我国古代建筑也是其中的一部分。同时西方建筑对欧洲乃至世界许多地区的建筑发展曾产生过巨大的影响，它在世界建筑史中也占有重要的地位。

**本章学习目标:**

了解中西方建筑简史，使学生对世界建筑发展史有一个大致的认识。

**本章教学重点:**

理解中国建筑发展的各时期、各地区、各民族的特色特征，理解西方建筑发展的各个时期、风格、流派的特色特征。

## 2.1 中国古代建筑简史

我们的祖先和世界上古老的民族一样，在上古时期都是用木材和泥土建造房屋，但后来很多民族都逐渐以石料代替木材，唯独我们国家以木材为主要建筑材料已经有五千多年历史了，它形成了世界古代建筑中的一个独特的体系。这一体系从简单的个体建筑到城市布局，都有自己完善的做法和制度，形成一种完全不同于其他体系的建筑风格和建筑形式，是世界古代建筑中延续时间最久的一个体系。

这一体系除了在我国各民族、各地区广为流传外，历史上还影响到日本、朝鲜和东南亚的一些国家，是世界古代建筑中传布范围广的体系之一。

我国古代建筑在技术和艺术上都达到了很高的水平，既丰富多彩又具有统一的风格，留下了极为丰富的经验，学习这些宝贵的遗产，对今后的建筑设计和创作，可以作为启发和借鉴。

### 2.1.1 中国古代建筑的发展演变

我国古代建筑的发展演变，可以从近百年以来上溯到六七千年以前的上古时期。

在河南安阳发掘出来的殷墟遗址，是商代后期的都城，那时是我国奴隶社会，距今也有四千多年了。遗址上有大量夯土的房屋台基，上面还排列着整齐的卵石柱础和木柱的遗迹，也是我国古代建筑逐渐成熟、不断发展的时期。

秦汉时期，我国古代建筑有了进一步发展。秦朝统一时曾修建了规模很大的宫殿。现存的阿房宫遗址是一个横阔一公里的大土台，虽然当时的建筑已完全不存在了，但还能大致看出主体建筑的规模。

在魏晋南北朝时期，佛教广为传播，这时期寺庙、塔和石窟建筑得到很大发展，产生了灿烂的佛建筑和艺术。

唐代是我国封建社会最繁盛的时期，这一时期的农业、手工业的发展和科学文化都达到了前所未有的高度，是我国古代建筑发展的成熟时期。如西安的大明宫、大雁台、华清池，洛阳的上阳宫等。

唐代以后形成五代十国并列的形势，直到北宋又完成了统一，社会经济再次得到恢复发展。这时期总结了隋唐以来的建筑成就，制定了设计模数和工料定额制度，编著了《营造法式》由政府颁发施行，这是一部当时世界上较为完整的建筑著作。

辽、金、元时期的建筑，基本上保持了唐代的传统。

明清时期的建筑，又一次形成了我国古代建筑的高潮。这一时期的建筑，有不少完好地保存到现在。如北京的故宫、颐和园、天坛，苏州的拙政园、留园、沧浪亭等。

### 2.1.2 中国古代建筑的地方特点和多民族风格

我国是一个多民族的国家，汉族人口占 90% 以上，此外还有 50 多个少数民族，各民族聚居地区的自然条件不同，建筑材料不同，生活习惯不同，都有各自的不同宗教和文化艺术传统，因此在建筑上又表现出不同的民族风格，它常常是和地方特点相结合的。如北京的四合院建筑形式，安徽的马头墙建筑形式，福建客家的土楼建筑形式，湖北恩施的吊脚楼建筑形式，内蒙古的蒙古包建筑形式，西藏寺院的依山式建筑形式等。

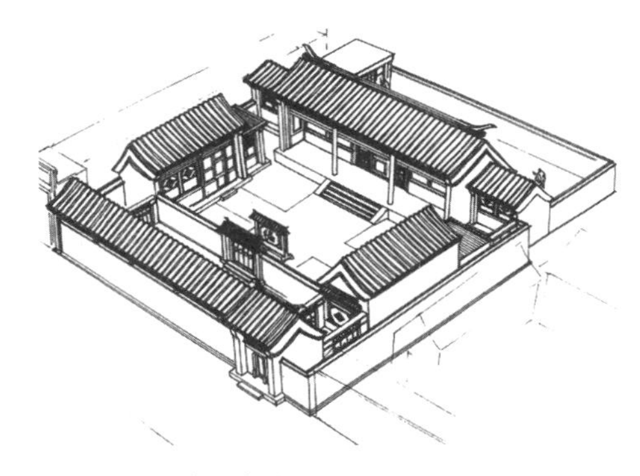

图 2-1　北京四合院

四合院是北京传统民居形式，辽代时已初成规模，经金、元，至明、清，逐渐完善，最终成为北京最有特点的居住形式。所谓四合，“四”是指东、西、南、北四面，“合”即四面房屋围在一起，形成一个“口”字形。经过数百年的营建，北京四合院从平面布局到内部结构、细部装修都形成了京师特有的京味风格。(图 2-1)

图 2-2　徽州马头墙建筑

“马头墙”是指高于两山墙屋面的墙垣。徽州旧时建筑应村落房屋密集防火、防风之需，在居宅的两山墙顶部砌筑有高出屋面的“封火墙”。因形似马头，故称“马头墙”。其特点是两侧山墙高出屋面，随屋顶的斜坡而呈阶梯形。美丽的马头墙，清花一样的纹饰，如精巧的景德瓷，平添了一种江南灵秀的风韵；上下对称的结构，又增强了一份音律的美感。(图 2-2)

福建客家土楼是以生土作为主要建筑材料，掺上细沙、石灰、糯米饭、红糖、竹片、木条等，经过反复揉、舂、压建造而成。楼顶覆以火烧瓦盖，经久不损。土楼高可达四五层，供三代或四代人同楼聚居。(图 2-3)

吊脚楼是恩施州常见的一种民居建筑。一般依山而建，成群落分布，错落有致，雄伟壮观，既有双吊形成的对称美，也有融入山地环境的和谐美，堪称土家族、苗族建筑和雕刻艺术的杰出代表。(图 2-4)

蒙古包是反映内蒙古游牧民族生产和生活方式的地方性建筑，它是草原文化的源头。(图 2-5)

西藏寺庙建筑大多依山就势，背崖临险，以山崖之峻峭气势来衬托西藏寺庙建筑的奇伟造型。地势的陡峭程度决定了整个寺院建筑布局的雄伟与纵深。(图 2-6)

图 2-3 福建客家土楼

图 2-4 湖北恩施吊脚楼

图 2-5 内蒙古蒙古包

图 2-6 西藏布达拉宫

## 2.2 中国近现代建筑简史

中国近代建筑主要是指 1840 年鸦片战争后，由半殖民地半封建的旧社会发展到社会主义的新社会的整个过程。在这个期间建筑发展呈现出两个阶段，一个是半殖民地半封建时期，一个是中华人民共和国成立后时期。

### 2.2.1 半殖民地半封建时期

随着 1840 年鸦片战争爆发，中国的国门终于被西方列强打开，一些沿海沿江的港口城市逐步沦为西方国家的殖民地。如在哈尔滨由俄国修建的圣索菲亚大教堂、中央大街，融合了拜占庭和巴洛克建筑艺术形式。在青岛由德国、日本修建的德国胶澳总督官邸、八大关建筑群，都是以德意志传统形式为主调，同时含有复古思潮的建筑艺术形式。在上海外滩修建的万国建筑群，融合了美英日法等国家的建筑艺术形式。在澳门修建的大三巴牌坊、天主教堂等，充满了葡萄牙的建筑艺术形式。

这一时期的建筑主要表现为中西合璧，人们既能看到传统的中国古典建筑形式，也能看到外观造型新颖、风格多样的西方建筑形式。

### 2.2.2 中华人民共和国成立后时期

1949 年随着新中国建立后，我国建筑主要呈现快速发展的趋势。20 世纪 80 年代前主要代表建筑有人民大会堂、中国革命历史博物馆、中国革命军事博物馆、北京工人体育场、北京火车站、钓鱼台国宾馆等。这一时期我国的建筑也主要对苏联建筑进行学习借鉴，同时能够反映出当时社会主义国家新面貌的建筑形式。

1980 年后，随着改革开放和经济建设快速发展，我国的建筑再次迎来了发展契机。加之新材料新技术的运用，多种风格、多种艺术的建筑随之出现。主要代表性建筑有北京奥运会鸟巢体育场、北京奥运会水立方游泳馆、中央电视台大楼、上海东方明珠电视塔、上海中心大厦、上海金茂大厦等建筑形式。

## 2.3 西方古代建筑简史

古代希腊、罗马时期，创造了一种以石制的梁柱作为基本构件的建筑形式，这种建筑形式经过文艺复兴及古典主义时期的进一步发展，一直延续到 20 世纪初，在世界上成为一种具有历史传统的建筑体系，这就是通常所说的西方古典建筑。

西方古典建筑对欧洲乃至世界许多地区的建筑发展曾发生过巨大的影响，它在世界建筑史中占有重要的地位。

### 2.3.1 古希腊时期

在巴尔干半岛、小亚细亚西岸以及爱琴海各岛屿上形成了许多奴隶制的小城邦国家，如雅典、斯巴达、科林斯、奥林匹亚等，它们统称为古代希腊。

古代希腊是欧洲文明的发源地。优越的自然条件、频繁的海上贸易以及不断地对外殖民，使希腊的经济得到迅速的发展，特别是由于在一些城邦内自由民阶层（如船主、手工业者、商人等）对贵族斗争的胜利，建立了奴隶制的民主共和政体，民主政治得到发展，从而进一步促进了希腊文化的发展。恩格斯曾经做过这样的评价：“没有希腊的文化，就不可能有欧洲的文化”。

作为希腊文化的一个组成部分，希腊的建筑艺术取得了重大的成就。希腊人建造了如神庙、剧场、竞技场等各种建筑物，在许多城邦中出现了规模壮观的公共活动广场和造型优美的建筑群组，它们是古希腊广大奴隶和自由民们劳动和智慧的光辉结晶。

公元前 5 世纪，是古希腊最繁荣的时期。雅典人为纪念对波斯战争的胜利，重建了雅典的卫城，它的建筑群组是由山门和三个神庙共同组成的，建筑物造型典雅壮丽，在建筑和雕刻艺术上都有很高的成就。它是古希腊劳动人民留给后世的一项宝贵的建筑遗产。

希腊建筑对后世影响最大的是它在庙宇建筑中形成的一种非常完美的建筑形式。它用石制的梁柱围绕长方形的建筑主体，形成一圈连续的围廊，柱子、梁枋和两坡顶的山墙共同构成建筑的主要立面。

经过几百年不断演进，这种建筑形式达到了非常完善的境地，基座、柱子和屋檐等各部分之间的组合都具有一定的格式，叫做“柱式”。柱式的出现对欧洲后来的建筑有很大的影响。（图 2-7、图 2-8）

图 2–7　古希腊庙宇建筑

图 2–8　古希腊神庙建筑

### 2.3.2 古罗马时期

罗马建立了共和国，在一连串的扩张战争中取得了地中海的霸权。公元 1 世纪，罗马成为地跨欧、亚、非的强大军事帝国。大量财富的集中，无数奴隶的劳动筑起了罗马帝国高楼大厦，罗马城里到处耸立着豪华的宫殿和庙宇、雄伟的旋转门和纪念柱。

罗马的上层社会尽情享乐、腐化成风，在全国各地兴建了许多规模宏大的浴室、剧场、跑马场和斗兽场。

罗马人发明了由天然的火山灰、砂石和石灰构成的混凝土，在拱券结构的建造技术方面取得了很大的成就，罗马各地建造了许多拱桥和长达数千米的输水道。罗马的万神庙拱顶直径达 43m（又名潘泰翁神庙）。可容数千人的卡瑞卡拉大浴室室内设冷、温、热三池，厅堂鱼贯，充分显示了罗马工匠发券和筑拱的技术水平。

在建筑艺术方面，罗马继承了希腊的柱式艺术，并把它和拱券结构结合，创造了券柱式。罗马的建筑物在艺术风格上显得更为华丽奢侈。

罗马的建筑师维持特鲁威编写了《建筑十书》，对建筑学进行了系统的论述，其中包括对希腊柱式的总结。（图 2-9、图 2-10）

图 2-9 古罗马教堂

图 2-10 古罗马竞技场

### 2.3.3 封建教会时期

罗马灭亡后，欧洲经过漫长的动乱，进入封建教会时期，其间流行的是以天主教堂为代表的哥特式建筑。直到 15 世纪，意大利开始了文艺复兴运动，欧洲的建筑发展又进入了一个新时期，埋没了近千年的古典柱式重新受到重视，又被广泛地运用在各种建筑中。

文艺复兴时期的建筑并没有简单地模仿或照搬希腊罗马的式样，它在建筑技术上、规模和类型上以及建筑艺术手法上都有很大的发展。从意大利开始遍及欧洲各国先后涌现了许多巧匠名师，如维尼奥拉、阿尔伯蒂、帕拉第奥、米开朗基罗等。著名的圣彼得大教堂就是这一时期建造的。各种拱顶、券廊特别是柱式成为文艺复兴时期建筑构图的主要手段。

接着，法、英、德、西班牙等其他欧洲国家也都步意大利的后尘，群起效仿，或修建府邸，或营造宫室。

1671 年，法国巴黎专门成立了皇家建筑学院，学习和研究古典建筑。从此直到 19 世纪，以柱式为基础的古典建筑形式一直在欧洲建筑中占据着绝对的统治地位。

但是，一些建筑师过于热衷古典建筑造型中的几何比例和数字关系，把它们看作金科玉律，追求古希腊、罗马建筑中所谓永恒的美，发展为僵硬的古典主义和学院派，走上了形式主义的道路。

适应资本主义生产关系的银行、交易所等常常被勉强地塞进古希腊神庙的外壳里，新的功能内容和新材料新技术与古典建筑形式之间的矛盾越来越突出了。

### 2.3.4 17 世纪到 19 世纪初

在资产阶级革命和取得政权的最初年代里，欧洲和美洲等各地先后兴起过希腊复兴和罗马复兴的浪潮。新兴的资产阶级所修建的各种国会、议会大厦、学校和图书馆等仍采用着古典的建筑形式。

处于资产阶级革命前夕的沙皇俄国也在莫斯科和圣彼得堡等地建造了各种古典形式的大型公共建筑。

西方古典建筑作为欧美乃至世界建筑主流的时代已经一去不复返了。但是作为人类建筑遗产中的一个重要组成部分，它的影响并没有完全消失，它有精华、有糟粕。如何批判地吸取和鉴赏它的精华，仍然是当今建筑理论和实践中的一个课题。

## 2.4 西方近现代建筑简史

两百多年以来，世界各主要资本主义国家先后经历了资本积累、自由竞争而进入了资本垄断阶段，为了适应社会发展的需要，西方国家创造了完全不同于封建社会时期的建筑。建筑的数量、类型与规模飞快发展，新的社会要求促进了对建筑功能的重视。社会生产力的发展推动了建筑技术的进步和工业化生产的到来，对建筑需求的大众化、普遍性、经济性提出了更高的要求。近代工商业资产阶级对建筑的众多要求使建筑业的生产经营转入资本主义经济轨道，以上种种因素使建筑领域内发生了几千年来世界建筑史上前所未有的发展与变化，并形成了与古典建筑截然不同的建筑艺术风格。

### 2.4.1 19 世纪至 20 世纪初

继 18 世纪末英国工业革命后，西欧和北美于 19 世纪进入工业化时期，虽然直至 19 世纪末，传统的建筑观念仍占主导地位，但展示工业、商业和交通运输业大发展的博览会已在 19 世纪兴盛，给建筑业以显示成就的机会。社会生产力的发展、经济水平的提高、科学技术的进步使 19 世纪后期在欧洲出现了新的文化艺术思潮，它促使欧洲各地涌现出许多探寻新路、努力创新的建筑师，他们的活动于 19 世纪末到 20 世纪初汇合成“新建筑运动”。

### 2.4.2 20 世纪至今

两次世界大战之间的 20 年代至 30 年代，西方建筑发生了具有历史意义的转变——现代主义建筑思潮的形成与传布。战后的经济复苏促使建筑中的改革派面对现实，注重经济，并逐渐形成新的建筑观念，成为现代主义建筑的奠基人和代表人物。新的建筑风格渐渐成型，并出现了一批现代主义建筑的代表作。20 世纪 50—60 年代，经济强国美国成了现代主义建筑繁荣昌盛之地，其最发达、最有代表性的建筑类型便是高层商用建筑——摩天楼。与此同时，世界各地的建筑师接受现代主义建筑原则，并在创作思想、创作手法上显示出多样发展的趋势。从 60 年代起，又有新的创作倾向和流派，它们指责 30 年代正统现代主义割断历史，忽视环境文脉，指责“国际式”建筑风格。进入 70 年代后，世界建筑舞台呈现出新的多元化局面，70—80 年代期间，最有影响的是“后现代主义建筑”；80 年代后期，“解构主义建筑”是西方建筑舞台上的又一建筑创作倾向。尽管各种建筑流派、倾向形成多元化局面，但标志着建筑史新时期开始的 20 年代的现代主义建筑为建筑的发展开辟了道路，它不仅具有历史的功绩，而且至今仍然继续发挥作用。进入 21 世纪后，生态、新色、低碳、可持续发展等理念也不断渗透到建筑中，成为未来建筑发展的方向。

## 课后思考与复习题

1. 中国古代建筑形式主要有哪些特点？
2. 四合院、吊脚楼、土楼分别属于中国哪个地区的民族建筑？
3. 谈谈西方“新建筑艺术运动”。

# 第 3 章　小型建筑方案设计方法解析

**本章课程概述：**

建筑是功能性与审美性的物质反映，而建筑设计是运用视觉艺术建造物体的过程，蕴含了丰富的文化内涵和美学特征。随着社会的发展和科学技术的进步，建筑建造的内容越来越复杂，涉及的学科也越来越多，建筑设计逐步从建造过程中独立出来，成为一门专门的分支学科。

**本章学习目标：**

了解建筑设计常用术语，掌握小型建筑方案设计的一般程序。

**本章教学重点：**

通过小型建筑设计案例的学习与赏析，逐步掌握小型建筑方案设计的方法及程序。

## 3.1 建筑设计常用术语

### 3.1.1 建筑设计

广义的建筑设计是指设计一个建筑物要做的全部工作，包括场地、建筑、结构、设备、室内环境、室内外装修、园林景观设计和工程概预算。狭义的建筑设计是指解决建筑物的使用功能和空间合理布置、室内外环境协调、建筑造型及细部处理，并与结构、设备等工种配合，使建筑物达到适用、安全、经济和美观的标准。

### 3.1.2 场地设计

对建筑用地内的建筑布局、道路、竖向、绿化及工程管线等进行综合性的设计，又称为总图设计或总平面设计。

### 3.1.3 建筑结构设计

为确保建筑物能承担规定的荷载，并保持其刚度、强度、稳定性和耐久性进行的设计。

### 3.1.4 建筑构造设计

对建筑物中的部件、构件、配件进行的详细设计，以达到建造的技术要求并满足其使用功能和艺术造型的要求。

### 3.1.5 建筑设备设计

对建筑物中给水排水、暖通空调、电气和动力等设备设计的总称。

### 3.1.6 建筑室内设计

为满足建筑室内使用和审美要求，对室内平面、空间、材质、色彩、光照、景观、陈设、家具和灯具等进行布置和艺术处理的设计。

### 3.1.7 建筑防火设计

在建筑设计中采取防火措施，以防止火灾发生和蔓延，减少火灾对生命财产的危害的专项设计。

### 3.1.8 建筑标准设计

按照有关技术标准，对具有通用性的建筑物及其建筑部件、构件、配件、工程设备等进行的定型设计。

### 3.1.9 建筑节能设计

为降低建筑物围护结构、采暖、通风、空调和照明等的能耗，在保证室内环境质量的前提下，采取节能措施，提高能源利用率的专项设计。

### 3.1.10 无障碍设计

为保障行动不便者在生活及工作上的方便、安全，对建筑室内外的设施等进行的专项设计。

### 3.1.11 总建筑面积

项目用地范围内单栋或多栋建筑物地面以上及地面以下各层建筑面积之总和。

### 3.1.12 红线

红线分为道路红线和建筑红线。道路红线是指城市道路（公用设施）用地与建筑用地之间的用地分界线。建筑红线是指建筑用地之间的用地分界线。

### 3.1.13 容积率

建筑基地内，项目总建筑面积与总用地面积的比值。

### 3.1.14 绿化率

项目总绿地面积与总用地面积的比值。

### 3.1.15 建筑密度

项目总占地基地面积与总用地面积的比值，用百分数表示。

## 3.2 小型建筑方案设计的特点与方法

### 3.2.1 小型建筑的概念

建筑设计中，按工程面积可分为大、中、小型建筑工程。大型建筑工程一般是指 10000 ㎡以上的工程；中型建筑工程是指 3000 ㎡到 10000 ㎡之间的工程；小型建筑工程是指 3000 ㎡以下的工程。

### 3.2.2 小型建筑的类型

小型建筑的类型一般可分为小型住宅建筑和小型公共建筑。

(1) 小型住宅建筑

住宅建筑是供人们日常居住生活的房屋，常见的有住宅、别墅、宿舍、公寓等。例如：现代主义著名建筑大师莱特设计的流水别墅，柯布西耶设计的萨伏伊别墅，罗伯特 · 文丘里为母亲设计的文丘里母亲住宅，查德 · 迈锡设计的史密斯住宅、道格拉斯住宅等，具有典型的时代特点。

(2) 小型公共建筑

小型公共建筑是人们日常生活和进行社会活动不可缺少的场所，在城市建设中占据重要地位。其类型较多，常见的有商业建筑、文教建筑、休闲娱乐建筑、展览建筑、纪念性建筑等。例如：现代主义著名小型公共建筑朗香教堂、拉土雷特修道院、美国杰斐逊国家纪念碑、悉尼歌剧院等。

### 3.2.3 小型建筑方案设计的特点

小型建筑设计是以小型建筑为设计对象，即工程面积小于 3000 ㎡的建筑。小型建筑具有面积较小的特点，其设计规模相对较小、周期相对较短。建筑虽小，但五脏俱全，设计同样需要正确处理场地环境、工程空间、材料结构的关系。

### 3.2.4 小型建筑方案设计的方法

在进行小型建筑方案设计时，需考虑场地环境和建筑内部功能两个方面的内容，它们分别构成了建筑设计的内部外部条件，共同决定了建筑空间的组织。同时，小型建筑方案设计是一种创作活动，创新意识与创新能力在建筑当中的体现是建筑设计的目的之一。

设计方法大致可分为：

(1) 先功能后形式

先功能后形式是对功能需求的表达，符合建筑空间的要求，是一种从内部到外部的设计方法。以平面为起点，重点研究功能需求，再将较完善的平面关系转为空间形象，进一步造型时对平面做相应的调整。

先功能后形式的设计方法主要强调个体空间设计和整体功能关系的把握。个体空间是建筑的基本使用单元，在建筑设计中，首先要满足空间的使用功能，才能称之为适用空间。个体空间的形式，包括空间的体量大小、基本设施要求、位置关系、环境景观要求、空间属性等。同时，各功能空间是相互依托密切关联的，它们依据特定的内在关系共同构成一个有机的整体。

(2) 先形式后功能

先形式后功能是对精神需求的表达，符合形式特点的要求，是一种从外部到内部的设计方法。从建筑的形体环境着手，重点研究空间与造型，确立形体关系之后，进一步完善功能需求，并对形体做相应调整。先形式后功能的设计方法将建筑类型的特点和使用者的个性特点在设计创作中发挥得淋漓尽致。

此种设计方法适用于功能相对简单、规模较小、造型要求较高的小型建筑设计。

在建筑设计中，功能和形式是相互关联、密不可分的，共同构成了建筑的整体。以形式设计入手的同时需考虑功能调节的作用；在研究功能平面时加入形式效果的表达。

## 3.3 小型建筑方案设计的一般程序

小型建筑方案设计是从整体到局部的一个渐进过程，从环境设计—群体设计—单体设计—细部设计，层层深入。设计者在接到设计任务书以后，首先对设计任务书，场地的自然条件、人文背景、外部环境，建筑内部的功能要求，建造所具备的技术、资源等展开理性解读和分析；然后，搜集相关的材料，展开感性的思考，进行设计概念构思。

根据建设项目的复杂程度和设计深度，小型建筑设计通常分为方案构思、方案设计和施工图设计三个阶段。其目的是使设计进程能逐步变得清晰，以便于各专业的相互配合、控制设计周期和合理地管理等。( 图 3-1)

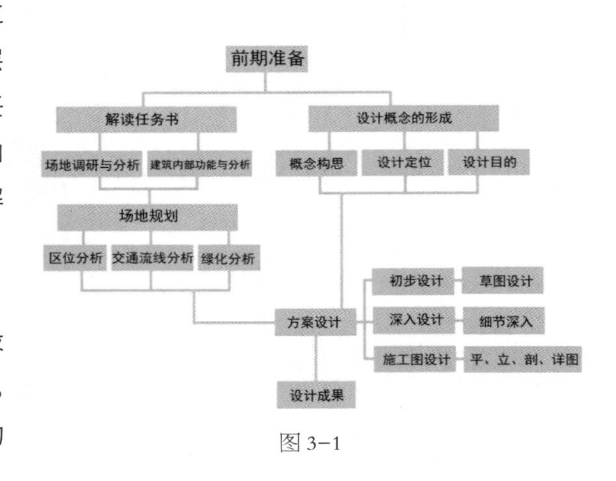


图 3-1

### 3.3.1 设计分析与调查

(1) 设计任务书解读

在设计之前，设计师应充分了解委托方的要求，对设计任务书进行解读，了解建筑设计的目标，所设定建筑的内外部条件，以及设计对象、环境、功能要求、空间要求，最终需要达到的效果。

(2) 现场调研与分析

现场调研主要包括收集相关材料与信息，并对现场进行勘查和测量等工作。通过拍摄照片、录像对现场的情况做简单的记录或画一些手绘草图，对具有特点的地形进行标记，方便后期设计师对地形的充分利用。

现场分析是在客观调查与主观评价的基础上对场地环境具备的条件作出综合性分析与评价，使场地的潜力得到充分发挥。建筑是属于特定的地点，建造于特定的基地之上，每块基地的特点都是与其他基地有所区别的。因此需要对建筑设计的场地位置、区域特点、自然条件、人文背景等进行调查与分析。

（3）建筑内部功能分析

建筑内部功能分析是对设计任务书中设计对象所需的主要功能要素进行分析，了解各功能空间的特点及关系。场地环境分析是由外而内的认知制约条件，建筑内部功能分析是由内而外的认知制约条件，内外部制约条件共同构成了建筑空间的整体。

通常建筑内部功能分析主要包括功能分区和交通流线两个部分。功能分区是按照使用功能联系的紧密程度以及空间性质的不同，将功能空间有机地组织和安排，从而取得节省空间、布局合理的空间环境效果。交通流线是连接各个空间的路线，并通过流线设计分割空间，从而达到划分不同功能区域的目的。因此，需将功能、流线、空间之间的组织关系合理布置，达到最终的理想效果图。

### 3.3.2 设计理念的形成

（1）概念的形成

概念设计是以一个主导概念为主线，贯穿全部设计过程的设计方法。它通过主导概念将设计者繁复的感性和瞬间思维上升到统一的理性思维从而完成整个设计。

概念设计常用的概念形式有两种，一种是哲学性的概念，另外一种是功能性概念。

哲学概念具有很强的特性，往往表现为建筑特有的一种精神，设计师需要发现、总结这种精神的特征，进而巧妙地融入设计形式之中。

例如，南京大屠杀纪念馆的设计，运用了传统建筑文化的意念和手法。总平面布局将馆、碑、广场相结合，并借助轴线的转折而构成和谐统一的整体。主馆与纪念碑相对应，从而形成纪念性的主体建筑，高耸的纪念碑又可当作扇形广场舞台的背景，纪念碑上雕刻着战争中牺牲的英雄人物的姓名，每当举行典礼仪式，人们可以面对纪念碑举行悼念仪式以寄托哀思。这种具有象征意义的设计手法经常运用到哲学概念中，也是建筑设计最常见的方法之一。

设计概念的另一种形式是特定功能性概念，是设计解决特定问题并能以概念的形式来表达。例如，如何在节约成本的情况下达到最理想的设计效果。在解决问题时，或许没有一个清晰的空间概念，这样设计的形式也许会受到很大的影响，这些功能性问题能否解决，甚至将决定一个项目是否能获得成功。

（2）设计定位

设计定位是小型建筑方案设计过程中不可缺少的一个环节，它能明确设计的对象、范围，以及在设计中存在的优劣现象，从而规避问题。不同类型的建筑其功能要求不同，因此不同类型的建筑会呈现不同的特征。例如，幼儿园设计，其造型具有活泼、明快的特点，层数较少，色彩较为鲜亮；别墅设计，其建筑形式简单、体量较小，布局紧凑。因此，要把握小型建筑方案设计的定位特征。

（3）设计目标

设计目标简单地说就是设计师对项目想达到的预期效果。只有有了正确的目标，整个设计才可以达到预期的效果。同时，目标的科学性决定着设计的科学性。

### 3.3.3 场地规划

（1）区位分析

区位分析是对项目设计所在的地域、文化、环境等因素的了解与认知，是项目设计的前期准备工作。在小型建筑方案设计中，虽然设计师所要完成的设计场地并不很大，但设计师应该对周边的环境进行研究，站在城市发展或区域发展的角度进行设计，使之所设计的建筑与整个区域的建筑相协调。

（2）交通路线设计

道路交通被称之为“人与物之间相互联系的媒介”。在建筑设计中，交通路线是人进入建筑的途径，建筑出入口与交通路线的合理连接，以及交通路线与周边道路的连通对建筑设计的互通性具有决定性作用。

（3）绿化设计

绿化设计在建筑设计中是不可缺少的一个重要环节。绿地设计除了乔木、灌木、草地的合理布置，还包含技术、体制、行为在内，存在于结构功能之中，协调水体小景观、建筑等的空间形式的绿地设计。同时，还包含配套的休息、娱乐设施，例如休息平台、休息座椅、必要的健身器材等，都要与整个绿化环境相协调。

### 3.3.4 小型建筑方案设计

前期的调查分析和场地规划只是小型建筑方案设计的前期准备，接下来的工作就是对需要设计的项目进行方案设计。方案设计一般分为方案的初步设计、深入设计、施工图设计。

(1) 初步设计

方案的初步设计主要包括设计意向、设计构思、最终的选择和确定以及方案设计的完成等。综合考虑任务书所要求的内容和场地环境条件，提出方案构思和设想，权衡利弊，并进行多个方案比较，确定一个好的方案或把几个方案的优点集中到一个方案之中，形成一个综合的方案，最后加以完善成为初步设计方案。这个阶段的前期是草图设计，设计师根据现有信息，在草纸上画出意向草图，并不断推敲、调整，直到把初步方案确定下来。草图设计阶段就是设计师把理性分析和感性的审美意识转化为具体的设计内容，把个人对设计的理解在图纸上真实地反映出来。初步设计阶段的图纸主要有平面布置图、各向立面图以及必要的手绘或效果图纸。

（2）深入设计

设计师在甲方所认同的初步设计基础上做进一步的调整和深入，利用空间、造型、色彩等表现手法，形成较为具体的内容。同时，要表现建筑的细节设计，明确地表达技术、资源上的可能性和可行性，经济上的合理性，审美形式上的完整性。

方案的深入设计除了平面图的细化和深入之外，需设计出立面图、剖面图及大样图等。主要表现出垂直方向上的空间变化，尤其是拐角处、楼梯等复杂空间的剖、立面设计，构件的位置、形状、大小等，不仅要解决其审美性问题，还应考虑其安全性、适用性及施工技术等问题。同时，方案的深入设计较初步设计深度增加，除了上述空间、材料、造型等内容深度还有结构、水电等内容。在这个阶段，设计师需与各工种工程师进行协调，共同探讨各种手段的运用方法。在深入设计阶段完成后同样需要绘制相关图纸，与甲方磋商，取得认同后再进行下一步的设计工作。

（3）施工图设计

施工图阶段是将设计与施工连接在一起的环节。根据所设计的方案，结合施工技术的要求分别画出具体、准确的能够指导施工的各种图纸，在图纸上需要清晰地标出各项设计内容的准确尺寸、位置、形状、材料、施工工艺等。小型建筑设计施工图主要包括总平面图、平面布置图、立面图、剖面图、详图等。

## 3.4 小型建筑方案设计实例解析

20 世纪初期属于新建筑运动的高潮时期，涌现出大批的优秀建筑作品，其中最为典型的现代主义住宅建筑设计有阿尔瓦 · 阿尔托的玛丽亚别墅、赖特的流水别墅、柯布西耶的萨伏伊别墅、密斯 · 凡 · 德罗的吐根哈特住宅，并列成为 20 世纪独栋住宅建筑代表作。本节针对阿尔瓦 · 阿尔托设计的玛丽亚别墅进行详细剖析，学习其精华之处。

### 3.4.1 设计要求

在满足基本的使用功能的前提下，根据谷力申夫妇的爱好、生活习惯，增加了琴房、画室等空间。结合自然环境、当地的地域特色，设计了泳池和蒸汽浴室。

### 3.4.2 场地环境分析

图 3–2　玛利亚别墅外观实景图

玛利亚别墅位于一座长满翠绿松树的小山坡上，给人幽静恬美之感，从远处看犹如生长在大自然之中，充分将建筑和周边环境相融合。芬兰地处北欧地带，盛产木材。因此，在设计时运用了大量的木材元素，以此来抵御芬兰寒冷的气候环境。（图 3-2）

### 3.4.3 建筑内部空间分析

玛利亚别墅设计需满足最基本的功能需求，在设计时，将其分为三个功能区：主要空间、辅助空间、交通空间。主要空间包括卧室、次卧室、画室、客厅、书房；辅助空间包括厨房、储藏室、佣人房、客人房、琴房、衣帽间、蒸汽浴室；楼梯、门厅、过道等交通空间把以上两个功能区连接成一个整体。(图 3-3、图 3-4)

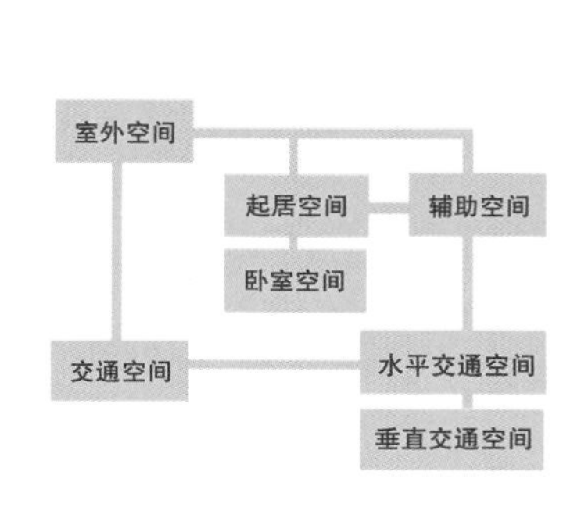


图 3–3　功能分析图

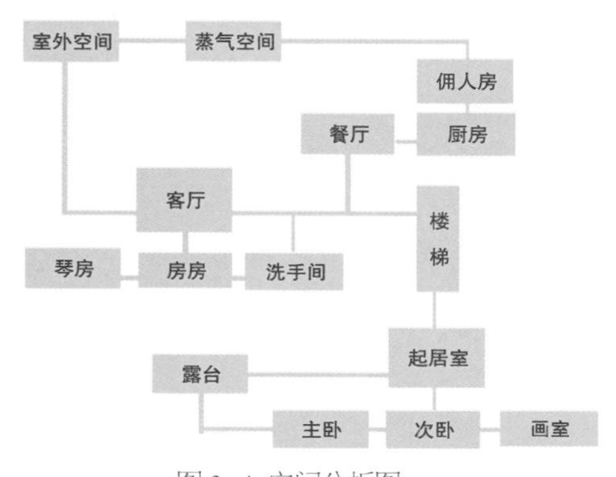


图 3–4　空间分析图

### 3.4.4 方案设计

(1) 设计理念

玛利亚别墅设计追求人性化，注重建筑形式与人的心理感受之间的关系，进而达到建筑与环境的完美融合。同时，注重建筑的流线设计，建筑平面设计较为灵活，且使用方便，利用自然的地势地形，融合的优美的自然风光，空间处理自由活泼且有动感。

(2) 建筑造型设计

玛利亚别墅主体建筑平面呈“L”形，另一侧设置了一个蒸汽浴室，运用连廊与主体建筑连为一体，形成“U”形。这种曲线形设计使整个建筑空间自由灵活，颠覆了传统的规则几何体的造型体系。整个院落三面建筑，呈半开敞的长方形，有一种“安定感”，利于躲避冷风。院中与蒸汽浴室相连的“肾形”游泳池和二层空间的船形画室等自由曲面的运用，与整体平面相结合，使整体造型生动灵活。（图 3-5、图 3-6）

图 3–5 玛利亚别墅鸟瞰图

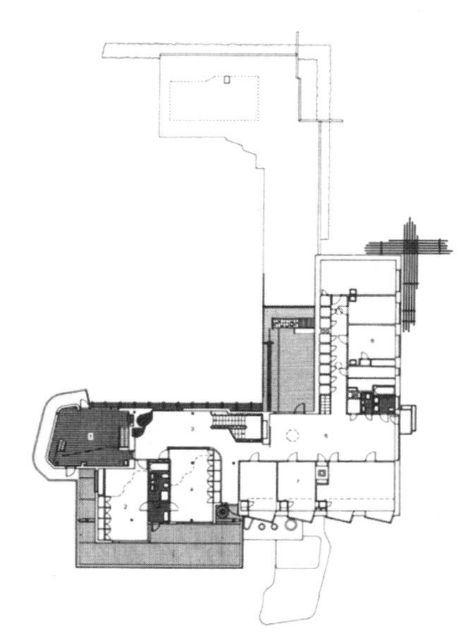

图 3–6 玛利亚别墅平面图

(3) 出入口设计

整栋建筑设计了三个出入口，主入口设置在整栋建筑坐落于绿林之中，从远处走进别墅是一条弯曲的道路，主入口设置在“L”形建筑的前方，与门前道路相连。次入口设置在建筑的外侧，是从建筑一侧进入室内空间的入口，方便佣人出入厨房和住所。同时，穿过室内空间还设置一个通往院子的通道，沿着长廊走至尽头就是桑拿室。从别墅外部看，三个出入口设计体现了建筑交通功能的灵活性。

### 3.4.5 方案深入

(1) 功能空间的组织

一层的主要功能空间包括门厅、起居室、餐厅，厨房、琴房、书房等。卧室、次卧室与画室等相对需要安静的空间安置在二层，这样的布局安排很好地传达了上静下动的理念。

书房与起居室比邻，相对私密的空间设置在强化功能的同时拉开了空间的层次。同时，起居室与琴房贯通，通过地面的铺装材料将两个空间区分开来。餐厅通过起居室和各个部分联系，开窗的朝向景象给人

以良好的就餐气氛。（图 3-7 至图 3-9）

图 3-7 玛利亚别墅客厅图

图 3-8 玛利亚别墅书房布置图

图 3-9 玛利亚别墅楼梯图

别墅最具特色的设计空间是画室、蒸汽浴室、“肾”形游泳池。画室是根据主人的职业特性设计的，外部造型像一座从底层升起的塔楼，墙体运用木条围合，整个外轮廓呈船形，极具艺术韵味。

蒸汽浴室是芬兰别墅必不可少的自然空间，浴室与起居室相对呼应，通过一条连廊将其相连，这一设计直接把人带到了具有悠久历史的芬兰桑拿生活场景之中。

“肾”形游泳池是这一别墅景观设计中十分重要的设计元素，其形式感不得不把它同当时的构成主义画派联系起来，空间设计连贯流畅，功能布局合理充分。（图 3-10）

图 3-10 玛利亚别墅“肾形”泳池

(2) 交通流线设计

一层交通流线设计：从主入口进入房间的第一个空间是门厅，门厅的左侧是开放的客厅，右边是相对私密的空间，厨房和卧室，客厅的左边设置一个次入口便于进入院子。门厅的正前方为餐厅，餐厅里设置有另一个次入口便于通往后面的连廊，走过狭长的连廊的末端设置了一个蒸汽浴室。整个一层空间有两条道路通往室外，方便合理，无论是在会客时或就餐完毕后都方便客人去院内散步。

二层交通流线设计：从一楼上二楼有三个楼梯。第一个楼梯是从一楼的私密空间往二楼去的；第二个楼梯位于客厅的右侧，具有较好的视野空间；第三个楼梯在客厅左侧的内庭空间的一角，空间较小，是供主人去二楼画室的专用通道。二楼设置有露台，围着画室和主卧，便于主人在画画休息和刚起床时都可以感受室外优美的景色。

(3) 建筑立面设计

整栋别墅大部分墙体使用纯白色的墙面，弱化了与天空的界限，而参差不齐的开窗方式，入口处、画室外墙面褐色木条元素的运用，强化了与树木的呼应，将建筑形体与自然环境完美融合。二层画室的曲面形设计是别墅的一大特征，既满足了功能需求，也塑造了新的空间形式，产生了动感，隐喻着自由奔放的性格。

(4) 建筑细节设计

室外运用了木材元素，发挥了木材的保暖性能，直条板的颜色与树木颜色相呼应，与自然环境完美融合。部分白色墙体的运用弱化了与天空的界限。

室内地面运用了木材与红砖等多种材料结合来铺设，在质地与颜色上的对比使内部空间多变，自由延伸。在靠近人的部分和楼梯扶手上缠有藤条与自然融为一体。

建筑方案设计不能简单地认为是为建造房子服务的，它有独立的美学价值。设计师在设计方案时须充分考虑建筑物的功能与形式需求、与环境及各种外部条件的协调配合、建筑物内部各种使用功能和使用空间的合理安排、建筑内外部的艺术形式、建筑物的设计定位和设计目标等内容。每一个设计作品都蕴涵着复杂而又深刻的艺术内涵，同时也能够充分表达时代气息、思想理念和技术手段等，并指导建筑物的建造施工，使建筑物做到适用、坚固、美观，并与环境和谐相融。

## 课后思考与复习题

1. 什么是小型建筑方案设计？
2. 小型建筑方案设计的初步设计阶段需要做哪些工作？
3. 如何把握先功能后形式与先形式后功能这两种设计方法之间的关系？
4. 施工图设计包括哪些内容？

# 第 4 章　建筑平面图设计

4

**本章课程概述：**

从建筑平面图设计概念入手，分析建筑平面图的作用；从建筑形态构成法的角度，逐一讲解了平面图的规范制图方法，最后再进行平面设计图的作品赏析。

**本章学习目标：**

理解平面图的概念及作用，正确掌握平面图制图方法，学会分析建筑平面图。

**本章教学重点：**

建筑平面图的制图常识、制图方法、案例赏析，逐步掌握建筑平面图的绘图技巧。

## 4.1 建筑平面图设计概述

在建筑平面上的协调设计为建筑平面设计，对建筑平面图进行构思、创作的过程即为建筑平面图设计。那么建筑平面图的形成是怎样呢？假设在距离地面 1.6m 左右处把建筑切剖开，移除切面以上的部分，下面部分正投影所得的水平剖切图形为平面图。一般情况下，建筑有几层就应该画几个平面图，并在每层的图纸下方表明相应的图名。当建筑平面中的若干楼层平面布局、构造状况完全一致时，可以用一个平面图来表达相同布局的若干层，此称作为“建筑标准平面图”或“X-X 层平面图”。通常采用的比例有 1 ：100，1 ：150，1 ：200 等。（图 4-1）

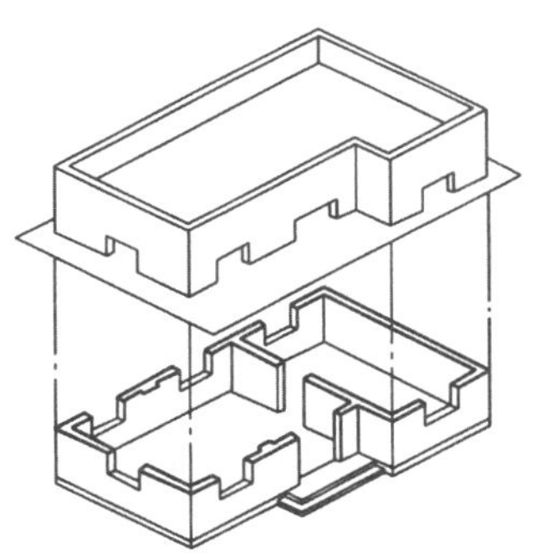

图 4-1  建筑平面的形成

底层平面图又称为首层平面图或一层平面图，是指 ±0.000 地坪所在楼层的平面图。图示该层的内部形状、室外台阶、花池、铺地等形状位置以及剖面和切剖符号，底层平面图需要标注指北针，其他平面图可以不再标注。

顶层平面图，也可以用相应的楼层数命名，其图示的内容与标准的平面图内容基本相同。

屋顶平面图是在高处俯视所见的建筑顶面图，主要表达屋顶形式、排水方式和其他设施的图样。

## 4.2 建筑平面图设计的手绘制图

### 4.2.1 制图常识

工程图纸是建筑施工的技术语言，为了统一房屋建筑制图的规则，便于技术交流，建筑工程图样中的格式、画法、图例、线型、文字以及尺寸都有统一的标准，以便符合设计、施工、存档的要求。

(1) 图纸幅面、标题栏及会签栏（图 4-2、图 4-3）

图纸幅面规格

| 尺寸代号 | 幅面代号 | | | | |
|---|---|---|---|---|---|
| | A0 | A1 | A2 | A3 | A4 |
| $b \times l$ | 841×1189 | 594×841 | 420×594 | 297×420 | 210×297 |
| $c$ | 10 | | | 5 | |
| $a$ | 25 | | | | |

图 4-2 图纸幅面规格

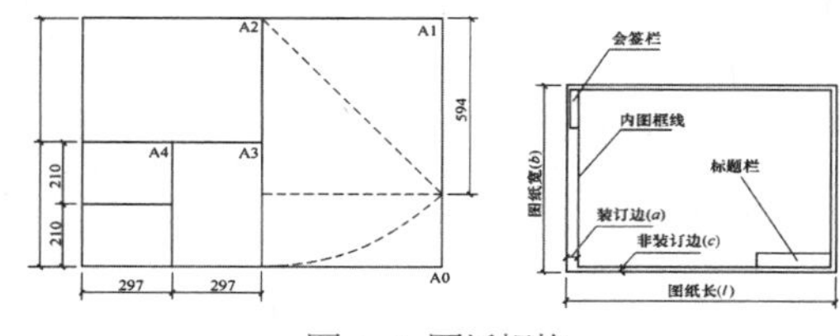

图 4-3 图纸规格

（2）图线

工程制图中要求制图线条粗细均匀、光洁整洁、交接清楚。图纸上，不同粗细、类型的线条代表着不同的意义。（图 4-4）

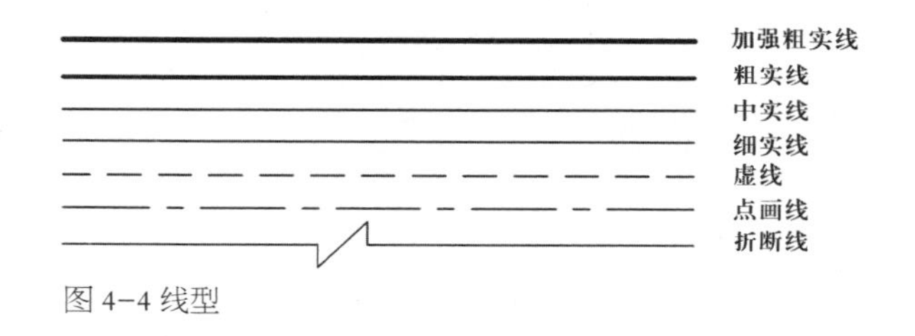

图 4-4 线型

（3）比例

一般情况下，工程平面图、立面图、剖面图常用比例 1 ：50，1 ：100，1 ：200; 总平面图常用比例 1 ：400，1 ：500，1 ：600，1 ：1000，1 ：1500，1 ：2000; 局部比例为 1 ：1，1 ：2，1 ：3，1 ：4，1 ：5，1 ：10，1 ：20，1 ：30，图面的比例标注采用图线的方法显得比较直观。（图 4-5）

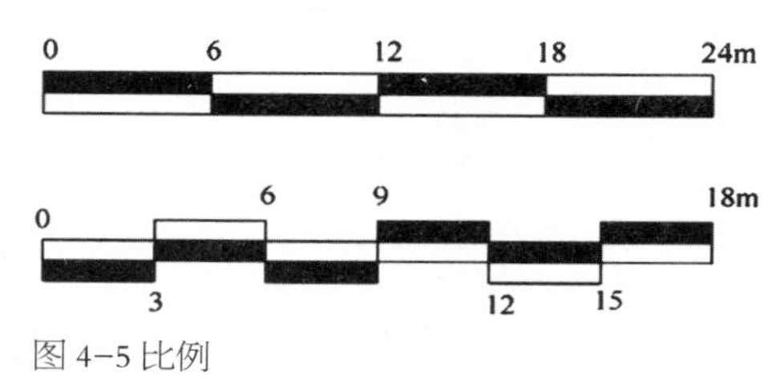

图 4-5 比例

（4）尺寸标注

尺寸标注由尺寸界线、尺寸线、尺寸起止符号、尺寸数字四部分组成。尺寸数字写在尺寸线上正中，如果尺寸线过窄可写在尺寸线下方或引出标注。按照制图标准分段，局部尺寸线在内侧，总长度的尺寸线在外侧。根据国际惯例，除标高总平面图以 m 为单位，其余通通以 mm 为单位，因此设计图纸上的尺寸数字不再需要注写单位。（图 4-6）

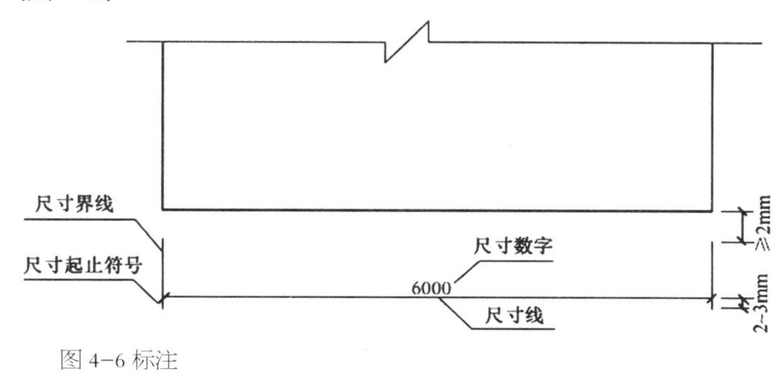


图 4-6 标注

（5）指北针

指北针用于表示建筑方位的符号，一般按照上北下南的形式。（图 4-7）

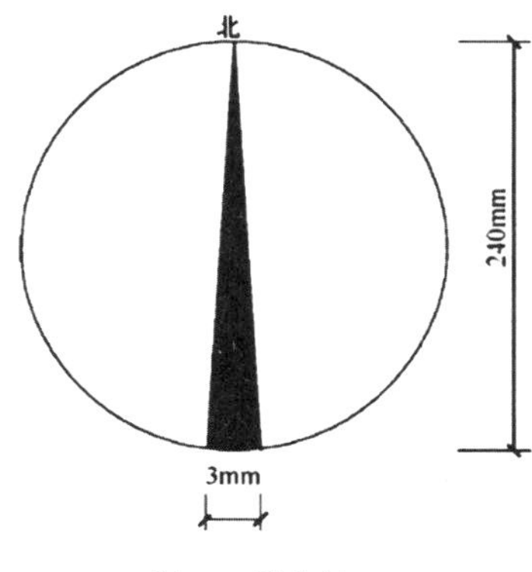


图 4-7 指北针

（6）剖切符号

剖面图能够深入了解建筑的内部结构、分层情况、各层高度、地面和楼面的构造等内容。剖切符号标注在平面图中剖切物的两端，由符号与编号共同表示，符号为└ ┘，长线表示剖切面的位置，是与剖切对象垂直的，一般 6~10mm，短线表示观看的方向，长度 4~6mm。

（7）标高符号

建筑内部的高度用标高符号来表示，是由数字、符号组成。按照规定建筑首层地面为零点，表明 ±0.000，以米（m）为单位标注到小数点后三位，高于零点省掉“+”号，低于零点需要“-”表示。（图 4-8）

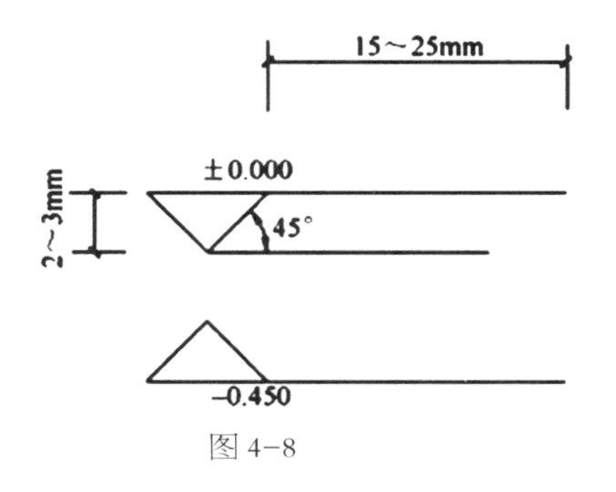


图 4-8

### 4.2.2 手绘制图

（1）准备一张 A2 的绘图纸及相关绘图工具，画出图框线，上、下、右各距离绘图纸边缘线 1cm，左边距离绘图纸边缘线 2cm。（此为装订区域）

（2）根据图纸图幅、建筑物的用地总面积定出比例，然后根据比例确定图形的位置，可在草图上先简单的构思草图，再根据实际尺寸、比例绘出定位轴线及轴线符号，根据定位的轴线画出墙体线，结合门窗说明定出门、窗的位置，注意门、窗的规格及种类，绘出门、窗及细部。

（3）按比例和尺寸绘制出室内家具布局，再绘出尺寸线，标出尺寸数字和文字说明。

（4）对整个平面图上墨线，上墨线时要注意墨线的用途、含义。在细节处理上一定要保持清醒的头脑，认真、仔细地确保准确无误。

## 4.3 建筑平面图设计的计算机制图

（1）定轴线，先确定横向与纵向的最外部两条轴线，再根据开间和进深尺寸定出其他墙、柱的定位轴线。（图 4-9）

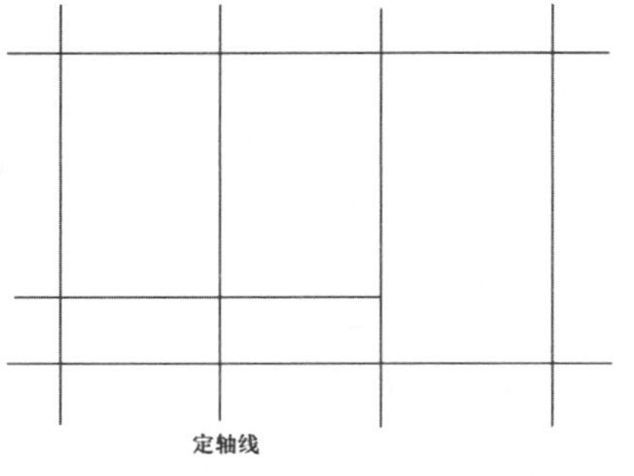


图 4-9 定轴线

（2）以轴线为中心两边扩展出外墙、内墙的厚度。（图 4-10）

（3）确定门洞、窗洞的位置以及门的开启方向并将其按要求尺寸绘出。（图 4-11）

（4）绘制出台阶、散水等建筑布局。（图 4-12）

（5）在首层平面图中绘制剖切符号、明确剖切图中的剖切位置和剖切方向。

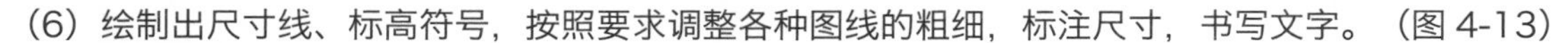

（6）绘制出尺寸线、标高符号，按照要求调整各种图线的粗细，标注尺寸，书写文字。（图 4-13）

（7）根据总平面图绘制出适当的配景。

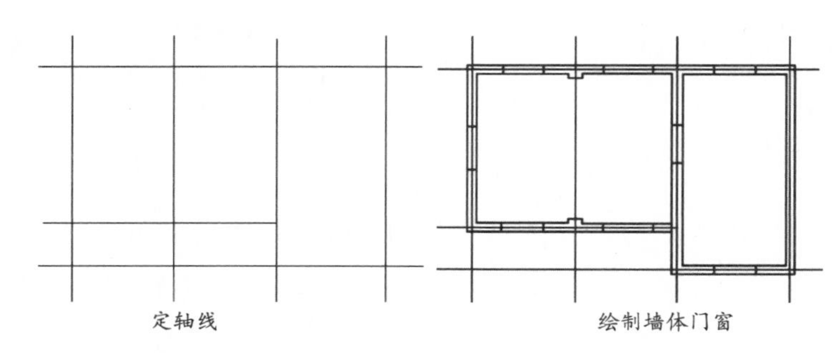


图 4-10 墙体绘制步奏

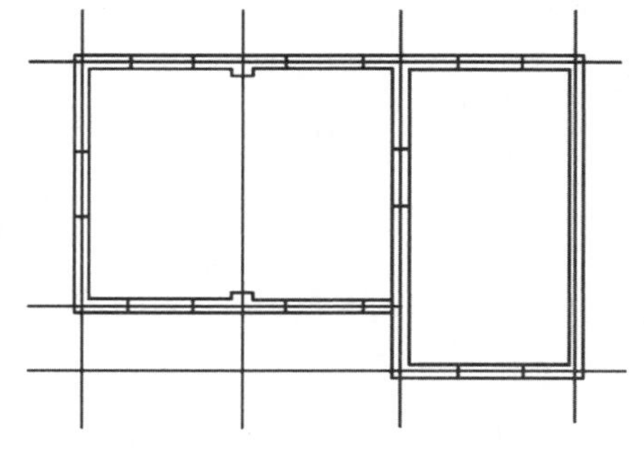

图 4-11 绘制墙体门窗

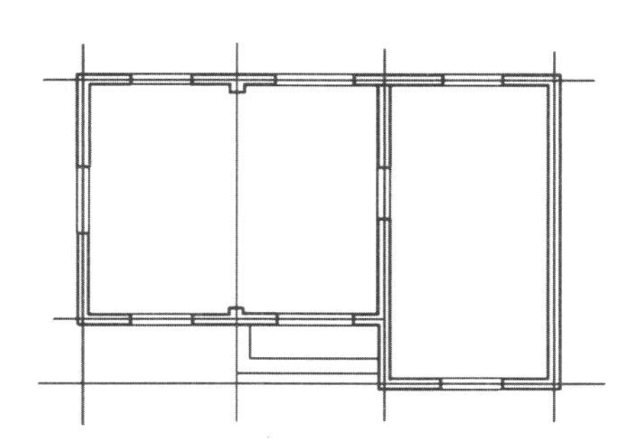

图 4-12　加深图线 绘制细部

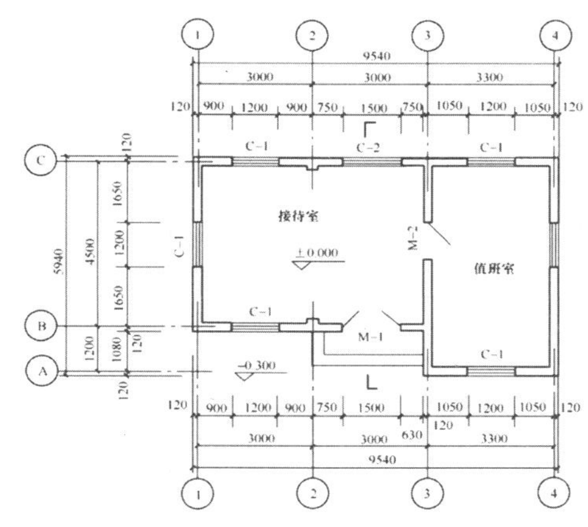


图 4-13　平面图

## 4.4 建筑平面图设计实例赏析

选取现代建筑代表人物柯布西耶的萨伏伊别墅，借助对大师具体作品进行分解与剖析，了解他们的建筑思想语言。该建筑位于巴黎近郊的普瓦西，于 1930 年建成，设计意图是用简约工业化的方法建造大量低造价的平民住宅，其现代设计原则影响了之后半个多世纪的建筑走向。

柯布西耶从平面开始设计建筑空间布局，首层是主要入口、车库与工人间；通过坡道感受空间完全展开，景色随着行走在变换，看到二层花园，进入起居室而后卧室、书房、餐厅、厨房、卫生间；再次通过坡道进入三层屋顶花园，通过中央坡道向上走，光线越发明亮，空间也变得透明。整个行走路线包括组织外部空间与内部空间，非传统的空间组织形式，使用了螺旋形的楼梯与坡道，改变了传统建筑的竖向空间体验。（图 4-14 至图 4-16）

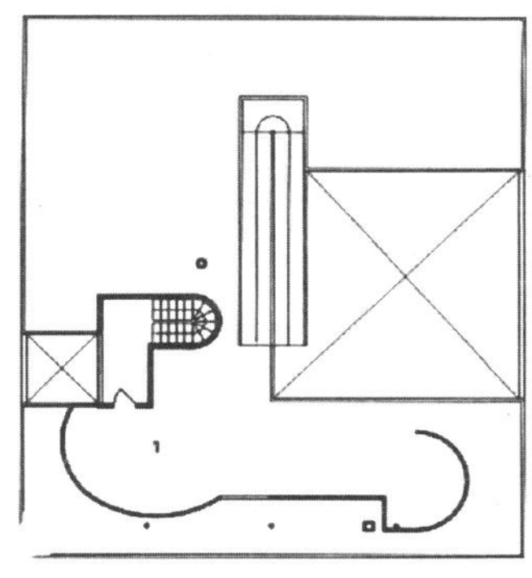

图 4-14　萨伏伊别墅平面图 1

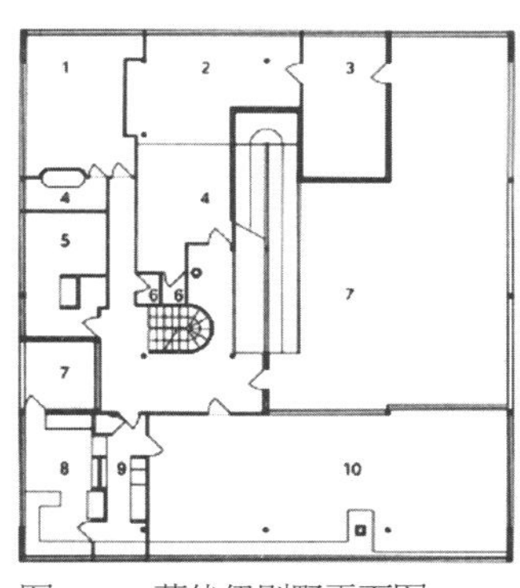

图 4-15　萨伏伊别墅平面图 2

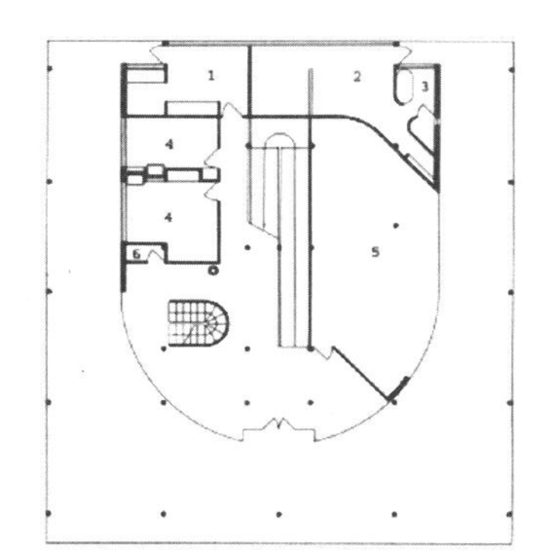

图 4-16　萨伏伊别墅平面图 3

## 课后思考与复习题

1. 什么是建筑平面图设计？
2. 建筑平面图设计的作用有哪些？
3. 临摹 5 个大师的优秀建筑平面设计实例。

# 第 5 章　建筑立面图设计

**本章课程概述：**

从建筑立面图设计概念入手，分析建筑立面图的作用；从建筑形态构成法的角度，逐一讲解了立面图的规范制图方法，最后进行了立面设计图作品赏析。

**本章学习目标：**

理解立面图的概念及作用，正确掌握立面图制图方法，学会分析建筑立面图。

**本章教学重点:**

建筑立面图的制图常识、制图方法、案例赏析的学习与赏析，逐步掌握建筑立面图的绘制技巧。

## 5.1 建筑立面设计概述

为使立面图外形更清晰，通常用粗实线表示立面图的最外轮廓线，而凸出墙面的雨蓬、阳台、柱子、窗台、窗楣、台阶、花池等投影线用中粗线画出，地坪线用加粗线（粗于标准粗度的 1.4 倍）画出，其余如门、窗、墙面分格线、落水管以及材料符号引出线、说明引出线等用细实线画出。

建筑立面图的比例与平面图一致，常用 1 ∶ 50，1 ∶ 100，1 ∶ 200 的比例绘制。其中建筑立面图是在与房屋立面相平行的投影面上所做得正投影图，简称立面图。其中反映主要出入口或比较显著地反映出房屋外貌特征的那一个立面图，称为正立面图。其余的立面图相应称为背立面图，侧立面图。通常也可按房屋朝向来命名，如南北立面图、东西立面图。建筑立面图大致包括东西南北四个立面图部分，若建筑各立面的结构有丝毫差异，都应绘出对应立面的立面图来诠释所设计的建筑。

建筑立面图的命名:

（1）可用朝向命名

立面朝向哪个方向就称为某方向立面图。

（2）可用外貌特征命名

其中反映主要出入口或比较显著地反映房屋外貌特征的那一面的立面图。

（3）可以立面图上首尾轴线命名

按某一朝向从无穷远处正视建筑，并绘制其正射投影图，按尺寸及比例表述一切可见的形象，所有线条均为投影线，采用三等线，为了强调建筑的形象，将建筑的轮廓线及地平线加粗，立面图着重反映了建筑的体量、尺度、门窗、入口、檐部、线脚等处的设计，每张图还应该标明关键标高、图名和比例，方案设计阶段通常只需提供 2~3 个立面图，而主入口所位于的立面也是经常选择绘制之处。

## 5.2 建筑立面图设计的手绘制图

建筑立面图设计的表现形式有很多种，其中一种就是用手绘的表现方法将其效果快速表现。

建筑立面图设计的手绘制图一般运用到尺规、针管笔、马克笔、彩铅、水彩等表现形式，使其画面更加丰富，快速地表达立面图的效果。

建筑立面图的手绘绘制的基础表现方式分为五类，即铅笔画、钢笔画、马克笔、水彩画和水墨渲染等，按效果它们分为两大类，前两个是属于“线条画”，后三个是属于“着色画”。

铅笔画：用铅笔制作建筑的立面图，绘画优点在于方便快捷，缺点是不易保存，篇幅比较小，不反映颜色。铅笔画多用于收集资料、快速表现和绘制草图，主要技法是在建筑的立面图的轮廓上用线条的疏密组织、排列方式来构成黑、白、灰的明暗关系，以表示阴影和材料质感，也可略去明暗的关系，只用单线来表达轮廓，则更为快捷。

钢笔画：用墨水笔制作的建筑立面图的绘画优点在于效果好，便于保存和印刷，缺点是不反映色彩，钢笔画的用途广泛，可用于收集资料、快速表现。

彩色画：有铅笔、钢笔、马克笔、水彩相结合，来表现建筑的立面图，着重强调轮廓勾画，明暗和光影的变化，又克服了铅笔和钢笔不能着色的缺点，并具有制作简便、效果柔和等优点，因此得到广泛应用。

## 5.3 建筑立面图设计的计算机制图

计算机辅助设计 AutoCAD 软件在建筑界的应用始于 20 世纪 80 年代，制图在个人计算机上的运用成为现实，为建筑师摆脱图板提供了可能。

近 30 年来，随着 AutoCAD 技术的不断发展，建筑业内计算机所覆盖的工作领域不断扩大，以至于建筑业全部工作中的“过程性”工作，如绘图、文档编辑和日常的管理等，几乎均能由计算机作为工具而加以辅助，其中的绘图包括二维绘图、三维绘图（三维模型制作）。

至于建筑师的构思设计等创造性工作，如何由计算机进行辅助，尚处于探讨和尝试之中，以下简介的重点是计算机绘图。

主要功能为绘制二维图形的常用 AutoCAD 软件，由于可用来进行相应的配套工作，如标注尺寸、符号、文字、制作表格、计算相关数据、进行图面布置等，因而除了阶段性的建筑平、立、剖面图外，绘制施工图是其最重要的功能。

AutoCAD 制图特点：

（1）计算机辅助设计具有以下优势，与手绘制图相比，工具简单，操作快捷简便，改图轻松，保证质量，具有复制的优势，对于相似、相近的图，只需稍加改动便能重复使用成果，系统的完善使信息库能够提供多种信息及专业软件，并可进行信息、文件和图形的交流，计算机辅助设计能做到“高速、高效、高精、高质”。

（2）计算机辅助设计尚不能完全替代建筑设计，目前，计算机辅助设计仍主要应用于设计的表达和管理方面，对设计构思的辅助正处于探讨阶段，由于计算机不能代替思考，因此，在构思、判断、成果选择等方面均有局限性。总之，媒体的变革不断地革新着设计的表达，但尚未带来设计本身的实质性变化，优秀的设计仍旧存在于优秀的建筑师头脑之中，而并非存在于计算机的磁盘中。

（3）计算机辅助设计的前瞻性，AutoCAD 技术的历史尚不悠久，但其发展迅速，前景难以估量，它的前瞻性决定了只有不断地去适应这种动态的变化，才能更好地对 AutoCAD 加以应用。

## 5.4 建筑立面设计实例赏析

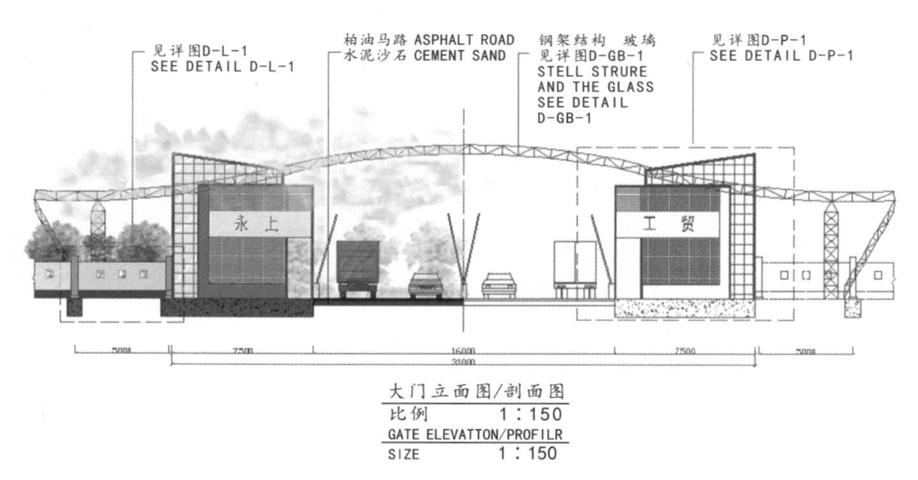


图 5-1 大门立面图（设计者：徐弛 指导老师：刘波）

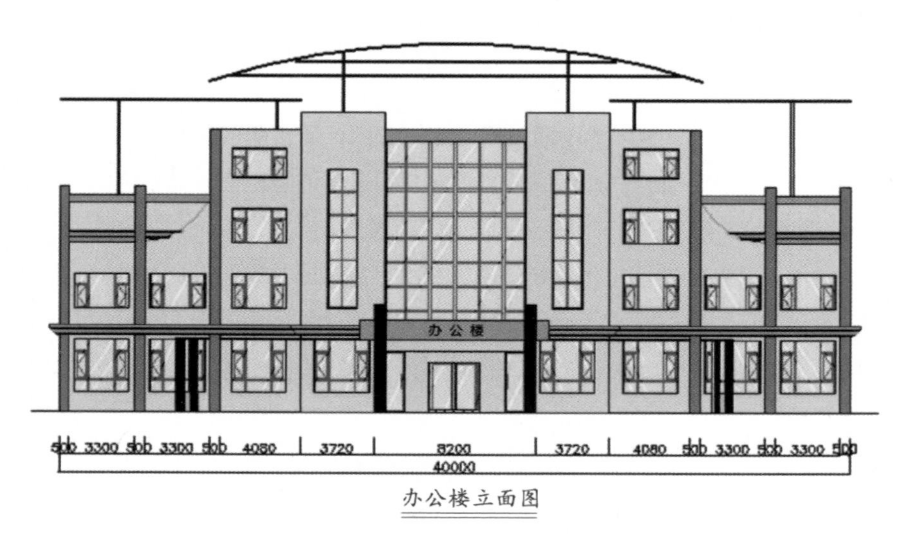


图 5-2 办公大楼立面图（设计者：徐弛 指导老师：刘波）

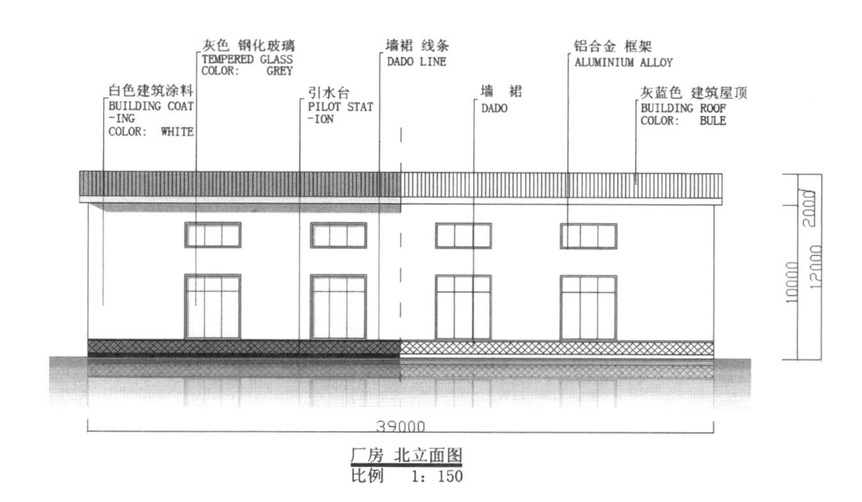


图 5-3 厂房立面图（设计者：徐弛 指导老师：刘波）

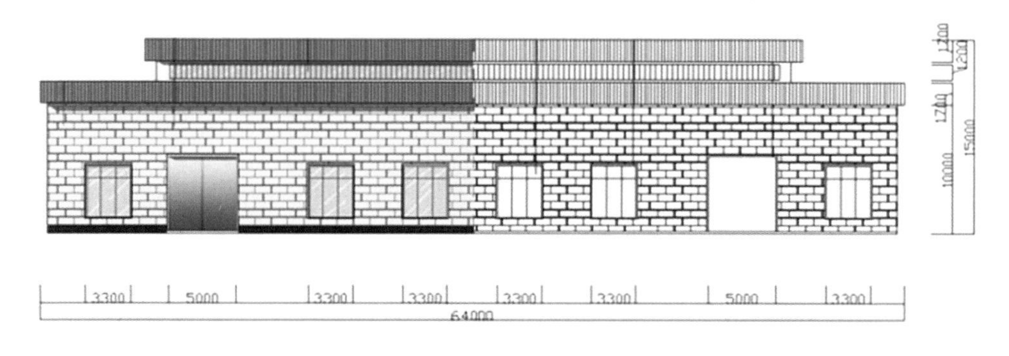


图 5-4 仓库立面图（设计者：徐弛 指导老师：刘波）

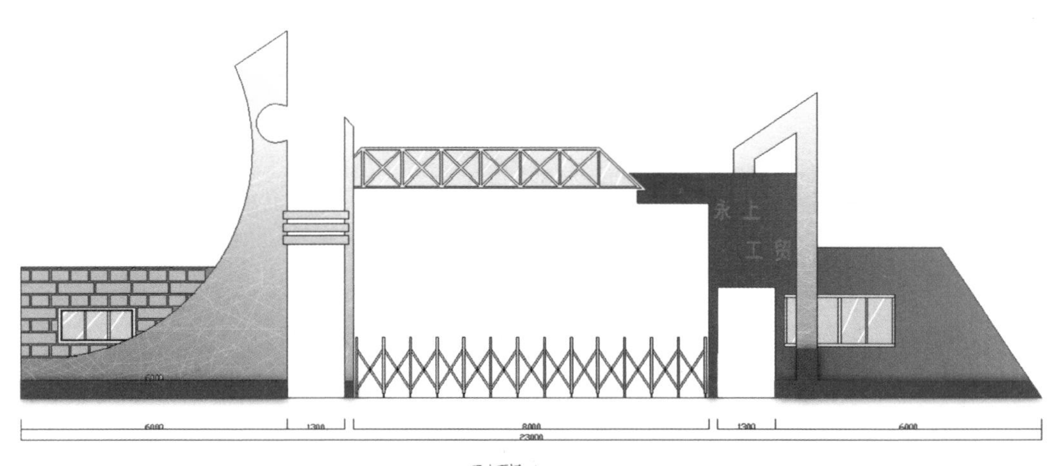


图 5-5 侧门立面图（设计者：徐弛 指导老师：刘波）

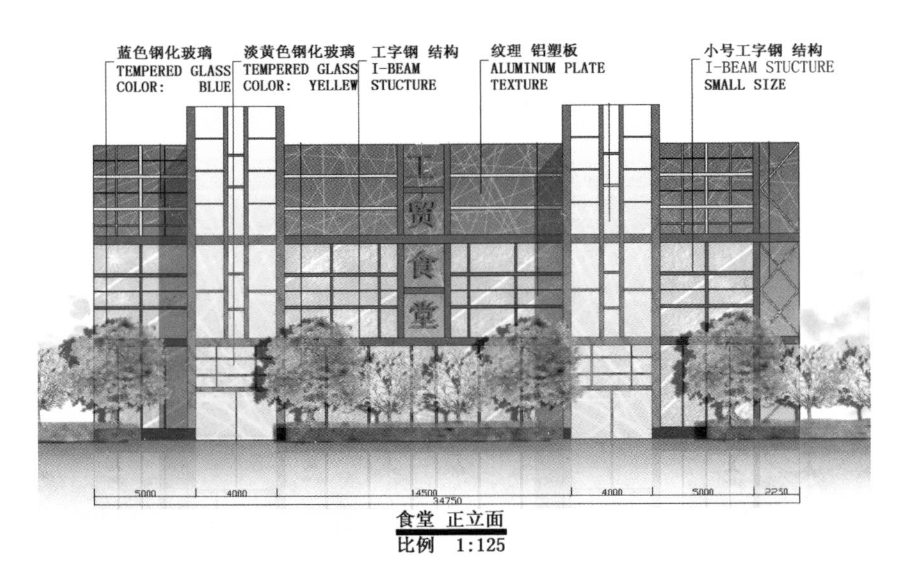


图 5-6 食堂立面图（设计者：徐弛 指导老师：刘波）

图 5-7 教学楼立面图（设计者：吴梦丹 指导老师：刘波）

图 5-8 工厂立面图（设计者：涂真 指导老师：刘波）

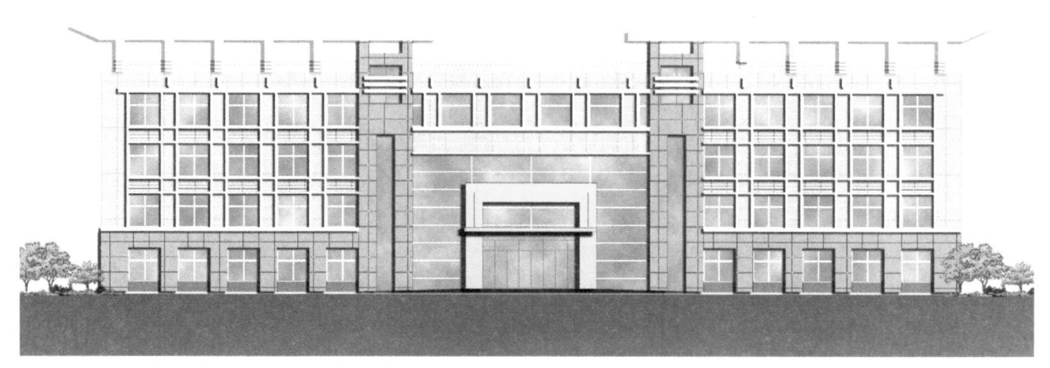

图 5-9　写字楼立面图（设计者：吴梦丹 指导老师：刘波）

图 5-10 宿舍立面图（设计者：涂真　指导老师：刘波）

## 课后思考与复习题

1. 建筑立面图与其他图的区别在哪里？
2. 建筑立面图的手绘特点是什么？
3. 建筑立面图表达的重点是什么？

# 第 6 章　建筑结构图设计

**本章课程概述：**

从建筑结构概念入手，分析建筑结构的作用；从现代建筑结构形式和传统的建筑结构形式两方面展开讲解，并与建筑结构实例赏析相结合。

**本章学习目标：**

理解建筑结构的概念与作用，分析其特征形式。掌握不同情况下对建筑结构的选取。

**本章学习重点：**

重点掌握现代与传统建筑结构名称及特征，并分析其建筑结构形式。

建筑的结构如同建筑体的骨骼，而构造就如同其皮下的组织。建筑的功能、空间、风格等内容都需要依赖其骨骼结构来依托。建筑结构对于建筑本身的意义非常重要，没有建筑结构的可靠安全就没有建筑之后的功能空间以及其他。

## 6.1 建筑结构的概念与作用

在建筑物或构筑物中，由建筑材料做成用来承受各种荷载或者起到骨架作用的空间受力体系，称为建筑结构。荷载是使建筑结构或是建筑构件产生内力或受到外力的变形等其他因素。比如建筑中的柱、梁、板等结构构件自重以及楼地面上行走的人、家居陈设、设备以及冬天屋顶上的积雪。

建筑结构相当于建筑物的骨骼，主要的作用体现在它能承受建筑物中的各种荷载以及地震对建筑物的影响。

主要有四种建筑荷载：

(1) 竖向荷载：竖向荷载包括结构的自重、建筑室内的设备自重、楼面的活荷载以及屋顶的雪荷载。

(2) 风荷载：当大风呼啸吹向建筑时，外墙窗户可能会遭到破坏，窗户构件或是玻璃吹落的现象是典型的风荷载的作用。

(3) 施工荷载：建筑结构设计与建筑施工是密不可分的，建筑结构设计是建筑施工的前提。结构设计的安全性分析是保证结构施工的安全，避免结构出现早期损伤的重要措施，了解结构的施工荷载是非常有必要的，它主要包括结构重力、施工设备、风力等方面。

(4) 抵抗地震的破坏：建筑结构可以在一定程度上减轻地震力对建筑物本身的破坏。

## 6.2 建筑结构形式及应用

### 6.2.1 现代结构类型

（1）直线形结构

直线形结构就是受力方向沿着同一水平面的维度传递，是一种平面结构类型。平面结构可以分解成独立的单元荷载，彼此之间不传递荷载以防止倾覆的连接构件来增加结构的稳定性。从力学上讲，受力方向都在一个平面范围内。从形态上讲，直线形结构都是直线形。

直线形结构包括：框架结构、混合结构、框架剪力墙结构、桁架结构等。

框架结构：框架结构是直线形结构中运用最广泛的一种，现代城市生活中大方盒子型大厦就是由框架结构支撑的，框架结构施工简单与现代技术的成熟决定了框架结构对于建筑中其他结构有着无法替代的优势。框架结构最大的特点是承构力与维护构件有着明确的分工，结构与非结构有着明确区别作用。建筑中的梁、柱子、板属于承重结构，墙体、门窗为围护结构与构件。框架结构中的墙体、人的活动及建筑室内各设施的重量有楼板承托，楼板把荷载传受给梁，梁传递给柱子，柱子再传递给基础。楼板与梁都为受力构件，柱子为竖直受力构件。框架就是矩形的横平竖直受力体系。由于墙体不承重，并采用包围的隔热措施，内部采用柱子、梁承重减少了结构的面积，为建筑留出了较大的空间，使建筑平面有一定的灵活发挥空间。（图 6-1、图 6-2）

图 6-1　框架结构

图 6-2　框架结构建筑

混合结构：混合结构主要承重构件为砖墙，采用多层房屋的纵墙与横墙布置。建筑面积上使用的钢材、水泥、木材，用量相对较小。混合结构主要适用于五层及五层以下的建筑，如住宅、宿舍、办公楼、学校、医院等民用建筑以及中小型工业建筑。

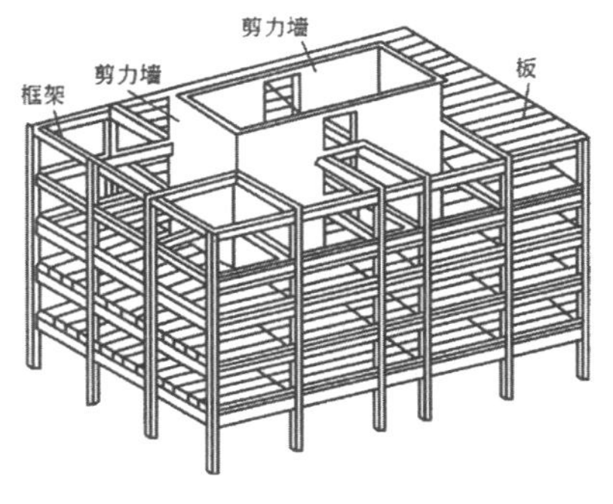


图 6-3 框架剪力墙

框架剪力墙结构：框架剪力墙结构是在框架结构体系基础之上设置了一些剪力墙替代部分框架，在整个结构体系中，“框架”与“剪力墙”同时存在，剪力墙负担绝大部分横向的荷载，而框架则以负担竖向荷载为主，这种结构为半刚性结构体系。框架剪力墙体系适用于

25 层以下的建筑房屋。（图 6-3）

桁架结构：桁架结构可以理解为是框架结构的合理变形，根据框架结构的受力原理，当梁的跨度较大的时候，其截面的高度将会夸张地调高到一定的程度，例如 24 米的跨度就需要 2 米左右高的梁，这种尺寸构件未免显得过于笨重。使用杆件组合的空心结构将会轻巧许多。桁架结构的结构特点为基本构成单元为三角形较为稳定，各杆件的连接采用铰接的方式连接，可以避免弯矩作用，同时剪力也可变为桁架内力。材料上可以使用钢筋混泥土、钢、木等，施工运输方便，可以整体完成之后进行吊装，也可以现场拼装。桁架结构主要运用在屋架、大跨度结构、高层建筑及桥梁上。如：古罗马人用桁架修建横跨多瑙河的特雷江桥的上部结构（发现于罗马的浮雕中）。文艺复兴时期，意大利建筑师帕拉迪奥（Palladio）也开始采用木桁架建桥，出现朗式、汤式、豪式桁架。英国最早的金属桁架是在 1845 年建成的，适合汤式木桁架相似的格构桁架，第二年又采用了三角形的华伦式桁架。

（2）曲线形结构

曲线形结构的最大特点就是整体形态是曲线形的，也是一种平面结构类型，这种曲线的造型不只是外在受力的变化，也对构件的受力产生影响。曲线形结构包括拱结构、悬索结构和空间结构，每种结构都有它不同的受力特征以及相对应的形态规律。

在现代结构类型中，悬索结构是曲线结构的一种，有一定强度但没有刚度，它利用高强度钢束张拉在几个固定构件之间形成，它在重力的作用下自然悬垂，内力沿悬索切线方向向外拉伸，产生了类似抛物线的曲线形式感。优点是能够节约钢材、受力合理、屋面结构轻，易成形，创造具有良好物理性能的建筑物。广泛应用在大型桥梁悬索桥。悬索桥主要由主索即悬索线、拉索、平衡索、桅杆构成。

悬索线是核心，拉索有很多，均匀地连接桥面和主索，桅杆用来承托主索传递的重力，平衡索则是用来抵消悬索带给桅杆的水平力。悬索桥极具韵律感与张力，其结构本身构成了一种完美的艺术形式。（图 6-4）

图 6-4 悬索结构——金门大桥

（3）空间结构

空间结构中力的传递沿着三维空间展开，与平面结构相比，空间之间的各个微观受力面紧密相依，使各构件在各个向度上协同工作以提高效率，便于更大的跨度与断面。空间结构包括：网架结构、薄壳结构、钢结构、折板结构、膜结构。

网架结构：亦可称为空间桁架，与桁架线性维度不同的是，网架是沿各个方向连续展开的三角形构架，形成一个整体的面域，是多向受力的空间结构，跨度可达 30~60 米，甚至超过 60 米。网架结构分为交叉桁架体系和角锥体系两类。交叉桁架体系利用力在两个水平维度的传递承托来纵向维度荷载。角锥体系直接由三角形角锥单元组合而成，与交叉桁架不同，其上、下弦是错开分布的。（图 6-5）

图 6-5 网架结构

图 6-6 悉尼歌剧院

薄壳结构：是充分发挥钢筋混凝土受力性能的一种高效能空间结构，有着自重轻、跨度大、形式种类多、结构薄的特点。这种薄壳结构材料刚性强，减少了材料自重和材料消耗，达到建筑大跨度的要求，可适用于各种建筑平面；不足之处在于体形复杂、计算困难、施工不便、板厚过小而隔热效果不理想，且长期风吹日晒雨淋容易开裂。主要应用于展厅、俱乐部、飞机库、食堂。著名的是实例有澳大利亚的悉尼歌剧院。（图 6-6）

钢结构：是以钢材制作为主的结构，钢材的特点是强度高、自重轻、整体性好、变形能力强，故用于建造大跨度和超高、超重型的建筑物特别适宜；材料匀质性和各项同性好，属理想弹性体，最符合一般工程力学的基本假定；建筑工期短；可进行机械化程度高的专业化生产。钢结构建筑的多少，标志着一个国家或一个地区的经济实力和经济发达程度。特别是 2008 年前后，在我国举办奥运会的推动下，出现了钢结构建筑热潮，强劲的市场需求，推动钢结构建筑迅猛发展，建成了一大批钢结构场馆、机场、车站和高层建筑，如奥运会国家体育场等建筑。（图 6-7）

图 6-7 奥运会国家体育场鸟巢

折板结构：折板结构的折板外形似波浪，可以是房屋的内接多边形、V 形等，结构上有很好的力学优点。常用的折板有 V 形折板和筒壳式折板。（图 6-8）

图 6-8 折板结构

膜结构：膜结构用高强度柔性薄膜材料与支撑体系相结合形成稳定曲面，是一种建筑与结构完美结合的结构体系。膜结构具有自由轻巧、阻燃性强、易加工、易安装、节能、易使用、安全性强等优点，主要应用于大型体育馆、建筑景观小品、展览会场、购物中心等。北京 2008 年奥运会水立方游泳馆就是膜结构，采用 ETFE 材料，整个场馆面积在 6.6 万 ~8 万平方米，坐席数 17000 个，其中永久坐席 6000 个，临时坐席 11000 个，其水立方膜结构创意源自于细胞组织单元的基本排队。（图 6-9）

图 6-9 水立方

### 6.2.2 传统建筑结构形式

中国古代建筑体系分为木构体系、砖石砌筑体系、洞窟建筑体系和绳索建筑体系四种。其中木结构是我国古代传统建筑中最主要的结构形式，贯穿于整个古代建筑的历史中。

中国古代木构建筑主要有穿斗式（图 6-10）和抬梁式（图 6-11）。

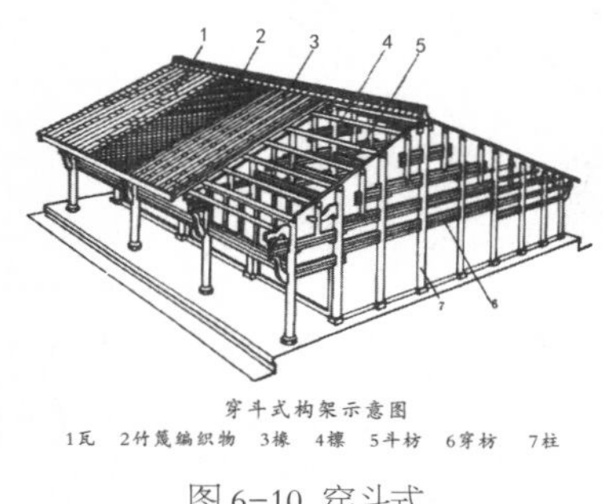


图 6-10 穿斗式

图 6-11 抬梁式

穿斗式是用穿枋把一排排的柱子穿连起来成为排架，然后用枋、檩斗接而成，故称作穿斗式。多用于民居和较小的建筑物。抬梁式是在立柱上架梁，梁上又抬梁，也称叠梁式。使用范围广，在宫殿、庙宇、寺院等大型建筑中普遍采用，更为皇家建筑群所选，是我国木构架建筑的代表。这种构架的特点是在柱顶或柱网上的水平铺作层上，沿房屋进深方向架数层叠架的梁，梁逐层缩短，层间垫短柱或木块，最上层梁中间立小柱或三角撑，形成三角形屋架。相邻屋架间，在各层梁的两端和最上层梁中间小柱上架檩，檩间架椽，构成双坡顶房屋的空间骨架。房屋的屋面重量通过椽、檩、梁、柱传到基础（有铺作时，通过它传到柱上）。

拱券是拱与券的合称，常用砖石、土木砌筑而成，具有一定承重作用，以砖石拱为例，石块之间因为重力相互挤压，产生的压力沿切线方向，从一块石头传递给另一块石头，最终把压力传递到基础部分，同时石块之间的摩擦又防止了石块的掉落（图 6-12、图 6-13）。因此，拱券结构即使采用很大的跨度，也不会如梁那样出现断裂。古罗马人最早开始使用砖石拱，创造了无数伟大的建筑与构筑物，拱是古罗马建筑的主要特征，是一种古老的建筑结构。拱券在中国出现较晚，经历了空心砖梁板、尖拱、折拱几个发展步骤，到西汉前期形成。当时用筒拱或拱壳穹窿建墓室，用券建墓门。最初的筒拱由多道券并列构成，以后发展为各道券。中国拱券砌筑技术用于地上建筑始于魏晋用砖砌佛塔。

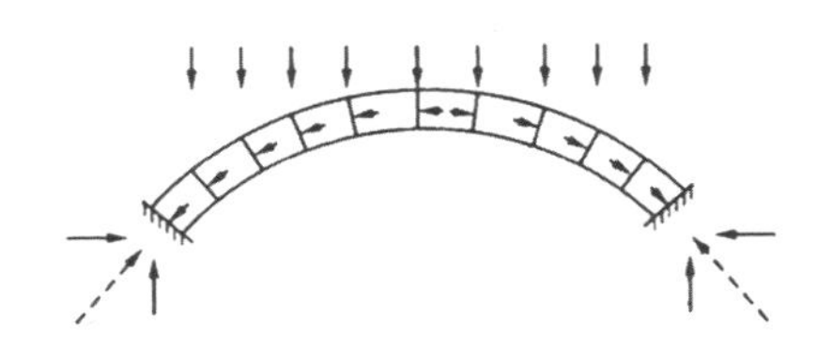

图 6-12　拱受力分析（压力）

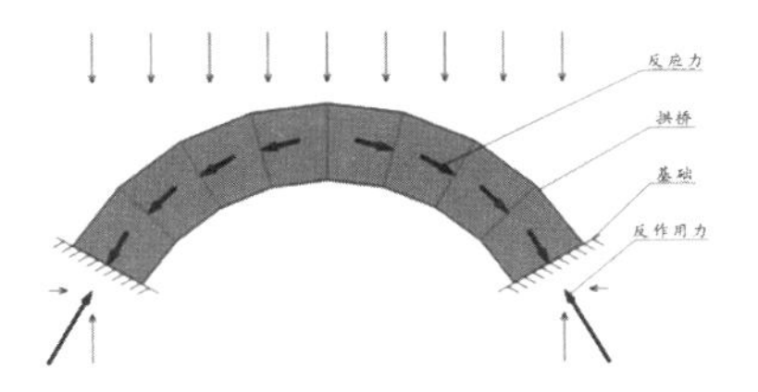


图 6-13　拱受力分析

## 6.3 建筑结构图设计的手绘制图

建筑结构图设计的手绘制图一般运用到尺规、针管笔、马克笔、彩铅、水彩等表现形式，使其画面更加丰富，快速地表达结构图的效果。

建筑结构图的手绘绘制的基础表现方式分为五类，即铅笔画、钢笔画、马克笔、水彩画和水墨渲染等；按效果它们分为两大类，前两个是属于“线条画”，后三个是属于“着色画”。

## 6.4 建筑结构图设计的计算机制图

建筑结构图设计的计算机制图主要是运用 3ds Max 软件和 SketchUp 软件制作。

3ds Max 软件主要采用虚拟建模技术，设计制作建筑结构。通过导入 CAD 图，将建筑内部的构造准确、真实、清晰地拉伸出来。制作完成后效果精致，但时间较长，渲染花费精力较大。

SketchUp 软件主要采用快速建模技术，设计制作建筑结构。通过导入 CAD 图，将建筑内部的构造准确、真实、清晰地拉伸出来。制作完成后效果一般，但时间较短，无后期渲染，可鼠标滑动展示。

## 6.5 建筑结构图设计实例赏析

早期典型的直线形建筑结构有德国包豪斯校舍建筑，设计者是包豪斯设计学院院长 W. 格罗皮乌斯。校舍的设计体现了格罗皮乌斯提倡的重视功能、技术和经济效益，艺术和技术相结合等原则。它的设计开创性地运用了一整套现代建筑设计手法，把实用功能、材料、结构和建筑艺术紧密地结合起来。这种布局、构图手法和建筑处理技巧等在以后的现代派建筑中被广泛运用，标志了现代建筑的成熟，被认为是现代建

筑中具有里程碑意义的典范作品。（图 6-14）

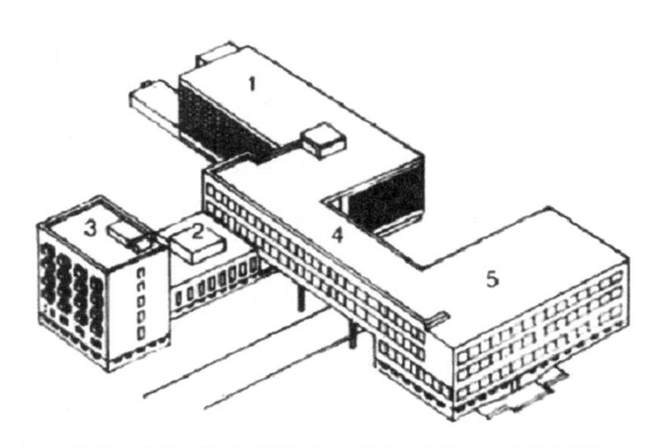


1作坊 2教室、餐厅、健身房 3 公寓 4办公 5工艺美术学校

图 6-14 包豪斯学校鸟瞰

校舍分为三个部分：教学用房、生活用房、职业学校。教学用房包括教室和工艺实习车间（图 6-15），是四层钢筋混泥土框架结构，位于临街主入口校内道路南侧。大面积的玻璃幕墙为工作和学习提供了良好的采光，适合生产的需要。生活用房（图 6-16）包括餐厅、宿舍、厨房、锅炉房、俱乐部兼剧场，学生宿舍是一间相对独立的 6 层小楼，位于生活用房东侧。连接生活用房和学生宿舍的是单层餐厅和俱乐部。校舍的第三部分为包豪斯职业学校，位于教学楼北侧和教学楼之间，由进入学校的道路隔开，相距 20 余米的两楼在二和三层用过道楼相连，通道是两楼的出入口。（图 6-17）

图 6-15 包豪斯实习工厂建筑

图 6-16 包豪斯学生宿舍建筑

图 6-17 包豪斯职业学校建筑

曲线形结构的整体形态是曲线状的，如中国隋代的拱桥赵州桥，桥长 64.40 米，跨径 37.02 米，是当今世界上跨径最大、建造最早的单孔敞肩型石拱桥，因桥两端肩部各有两个小孔，不是实的，故称敞肩型石拱桥，是世界造桥史的一座丰碑（图 6-18）。现代的曲线形结构有悬索结构，在德国汉诺威世博会 26 号展厅采用特殊的悬挂式屋面形态，宽敞的展示区因为没有脚手架或柱子显得更为灵活，悬挂结构的断面为自然通风提供了良好的高度，确保了热量上升的构造效果得以充分发挥，自然光也因为顶棚的漫反射而更加特别。（图 6-19）

图 6-18 赵州桥

图 6-19 德国汉诺威世博会

## 课后思考与复习题

1. 什么是建筑结构，常见的结构形式有哪些？
2. 建筑框架结构的适用范围有哪些？
3. 收集 10 个世界著名建筑的案例，分析其建筑结构的形式。

7

# 第 7 章　建筑效果图与建筑动画设计

**本章课程概述：**

本章主要讲解建筑效果图的概念与作用、手绘的建筑效果图、计算机绘图的建筑效果图、建筑动画制作、作品赏析等方面知识，让学生全面掌握建筑效果图与建筑动画设计的知识。

**本章学习目标：**

使学生们循序渐进地掌握建筑效果图及建筑动画的制作技法。

**本章教学重点：**

理解建筑效果图的手绘制图方法与流程、计算机制图方法与流程，以及建筑动画制作的方法与流程。

## 7.1 建筑效果图的概念与作用

当前，建筑效果图习惯上理解为由计算机建模渲染而成的建筑设计表现图。传统上，建筑设计的表现图是人工绘制的。两者的区别是绘制工具不同、表现风格不同。前者类似于照片，可以逼真地模拟建筑及其设计建成后的效果；后者除了真实地表现建成效果外，更能体现设计风格和画的艺术性。

### 7.1.1 建筑效果图的概念

建筑效果图就是把建筑环境景观用写实的手法通过图形的方式进行传递。所谓效果图就是在建筑、装饰施工之前，通过施工图纸，把施工后的实际效果用真实和直观的视图表现出来，让大家能够一目了然地看到施工后的实际效果。

在 20 世纪 80 ～ 90 年代初期，基本上建筑效果图都是通过手绘的方法进行传达的，这是最古老最原始的方式，那时候往往建筑效果图的逼真程度是由绘画师的水平决定的，所以那时候的建筑效果图只是靠艺术工作者们的手绘技术决定。2000 年前后 3D 技术的提高，使得计算机绘图逐渐代替了传统的手绘，3ds Max 这个工具慢慢地走入了设计工作者们的眼帘。3D 技术不仅仅可以做到精准地表达，而且可以做到高仿真，在建筑设计表现方面尤为出色。在建筑方面计算机不仅仅可以帮我们把设计稿件中的建筑模拟出来，还可以添加人、车、树、建筑配景，甚至白天和黑夜的灯光变化也能很详细地模拟出来，通过这些建筑及周边环境的模拟生成的照片称之为建筑效果图。

### 7.1.2 建筑效果图的作用

建筑效果图的作用主要是向人们展示未来建筑的真实美好效果。当人们在准备建造一栋建筑或一座生活居住区前，通过前期设计制作建筑效果图，向社会大众展示宣传，一目了然地了解今后建筑的实际效果。

⑴实用作用

建筑效果图是为建筑设计工程服务的，体现出建筑工程设计的形状、尺度、材质等各项施工要求，具备一定“按图施工”的严密数学逻辑要求，反映出准确的构造和透视关系，注重空间的真实性，反映设计师的基本设计意图。

⑵艺术作用

建筑效果图作为一种绘图的艺术表现形式，融合知觉与想象，揭示视觉思考的实质，是一种揭示三维空间的艺术语言。建筑效果图可以从建筑工程的层面得以提升，同时加以美学的“神韵”，从而让这种绘图表现形式具备了一定的艺术表现能力。

## 7.2 建筑效果图的手绘制图

建筑效果图手绘是通过画面图形来表现环境设计思想和设计概念的视觉传递技术。手绘效果图的绘制技法对绘制内容的比例、尺度、体量关系、外形轮廓、虚实关系、空间构想、风格色彩、材料质感等方面都有严格要求，是科学与艺术性相结合的具体表现。随着时代的发展，手绘效果图在设计领域发挥着越来越重要的作用。( 图 7-1 至图 7-6)

图 7-1 中华牌铅笔 H 号

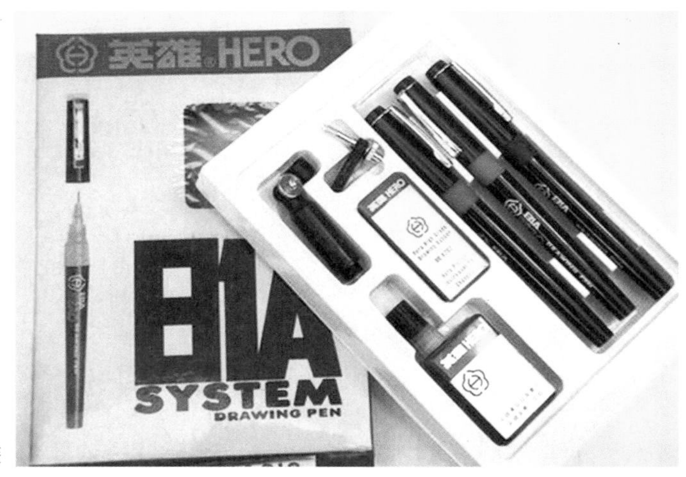


图 7-2 英雄牌针管笔套装

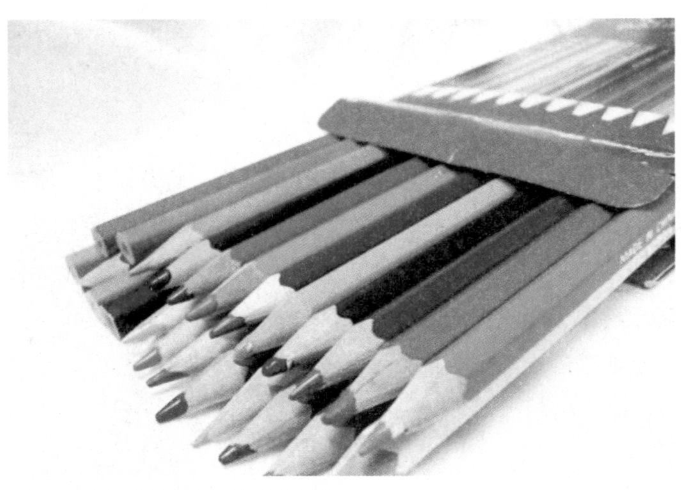
图 7–3 中华牌彩色水溶性铅笔套装

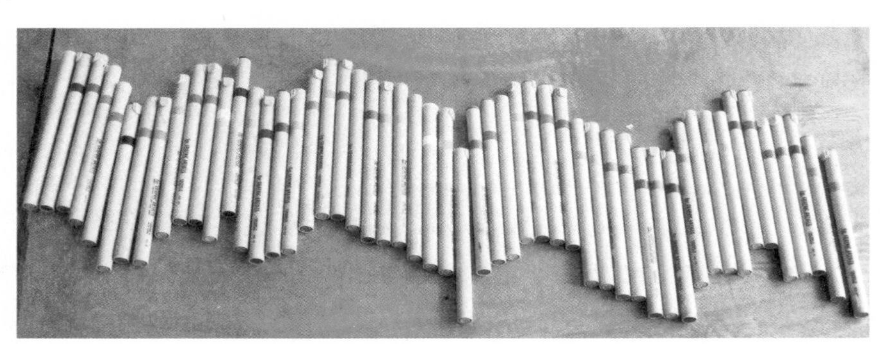
图 7–4 水溶性马克笔

图 7–5 油性马克笔

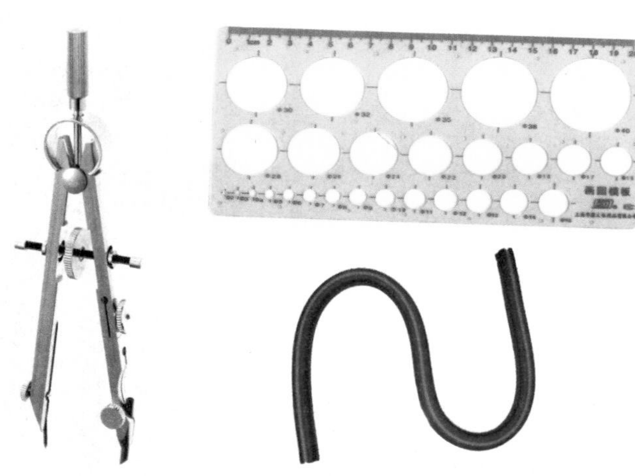
图 7–6 圆规、圆模板、蛇形尺

### 7.2.1 建筑手绘效果图

建筑手绘效果图表现强调为设计服务，强化徒手训练，是把美术技能训练和设计思维训练相结合，把美术审美融入建筑空间的各个设计层面当中。在建筑设计研究领域中，手绘表现图可以作为创意图、分析图、研究图，充分运用到建筑空间设计的每个环节上。在表现方面，建筑手绘有时比电脑绘制更真实、自然、艺术。(图 7-7 至图 7-12)

图 7-7　建筑鸟瞰手绘效果图 (作者：左涛　指导老师：刘波)

图 7-8　建筑透视手绘效果图 (作者：胡馨月　指导老师：刘波)

图 7-9　教学楼手绘效果图 (作者：姚凯　指导老师：刘波)

图 7-10　图书馆手绘效果图 (作者：贺童桐　指导老师：刘波)

图 7-11　现代别墅手绘效果图 (作者：熊翠凤　指导老师：刘波)

图 7-12　别墅建筑手绘效果图 (作者：罗维新　指导老师：刘波)

### 7.2.2 室内手绘效果图

室内手绘效果图是以直观的图像形式传达设计者设计意图的重要手段，是集绘画艺术与工程技术于一体的表现形式。室内手绘效果图是以设计工程图纸为主要依据，运用绘画的表现手段在纸上对所设计的内容进行形象的表达。室内设计手绘效果图作为一种富有表现力的设计表达方式，在室内设计界一直被广泛运用，长期以来它也是建筑设计从业人员必备的基本功与设计成果展示的重要手段，无论是建筑专业还是环境艺术设计专业的学生，都需要长期接受设计表现方面的严格训练，以适应市场对专业人员的素质要求，提高他们的艺术修养。(图 7-13 至图 7-18)

图 7–13 客厅手绘效果图 ( 作者：刘波 )

图 7–14 餐厅手绘效果图 ( 作者：刘波 )

图 7–15 书房手绘效果图 ( 作者：刘波 )

图 7–16 卧室手绘效果图 ( 作者：刘波 )

图 7–17 卫生间手绘效果图 ( 作者：刘波 )

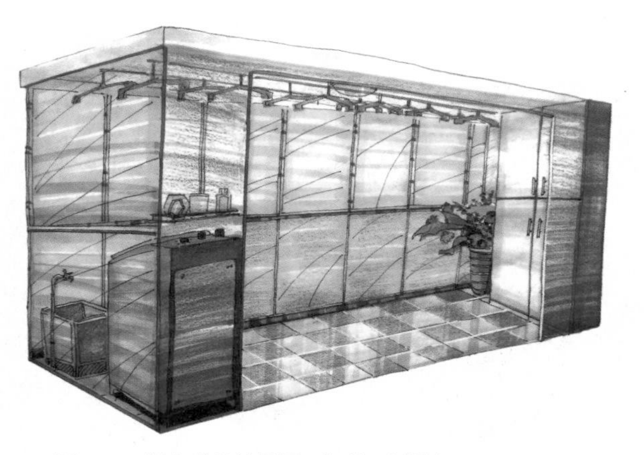

图 7–18 阳台手绘效果图 ( 作者：刘波 )

### 7.2.3 景观手绘效果图

近些年，与建筑设计学科相配套的景观设计也迅速发展，市场需求量逐渐加大，景观手绘效果图也受到了社会大众的喜爱。这类手绘效果图同样采用设计思维与绘画艺术相结合的表现形式，形成情景交融的美丽画卷。(图 7-19 至图 7-24)

图 7–19　海景手绘效果图 ( 作者：刘波 )

图 7–20　树池手绘效果图 ( 作者：刘波 )

图 7–21　长廊手绘效果图 ( 作者：刘波 )

图 7–22　石景手绘效果图 ( 作者：刘波 )

图 7–23　花丛手绘效果图 ( 作者：胡慧 )

图 7–24　水池手绘效果图 ( 作者：韩秋影 )

## 7.3 建筑效果图的计算机制图

运用计算机制作建筑效果图主要是使用 AutoCAD、3ds Max、VRay、Photoshop、SketchUp 等软件制作。(图 7-25 至图 7-29)

图 7-25 AutoCAD2016

图 7-26 Photoshopcs6

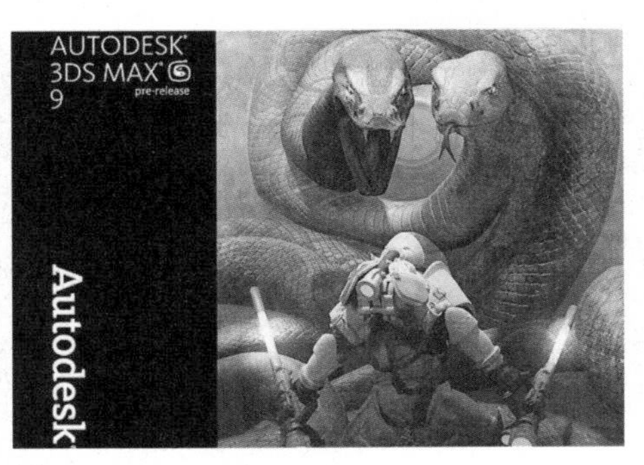

图 7-27 3ds Max9

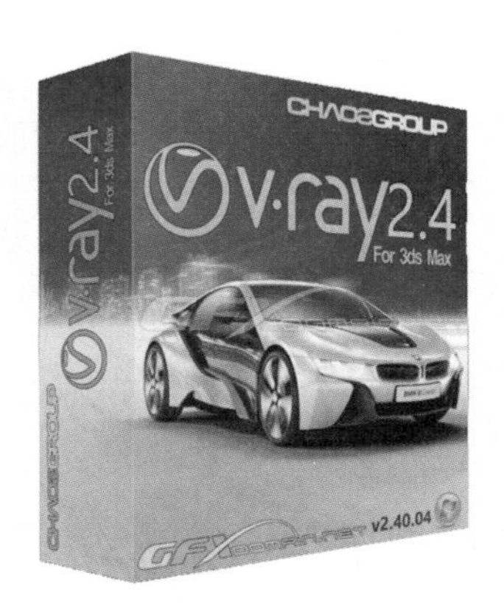

图 7-28 VRay2.4

图 7-29 SketchUp2015

### 7.3.1 3ds Max 建筑效果图

使用 3ds Max 制作建筑效果图，步骤如下：

步骤一：在 AutoCAD 软件中先绘制出建筑平面图，注意在绘制平面图时要注意图层和线型。在分层时一定要注意不同的线型和代表不同类型的线条，比如：用地红线、道路中心线、建筑边缘线、景观线等，可以用不同颜色和粗细的线型表示。

步骤二：通过 Import 命令把 AutoCAD 的建筑平面图导入 3ds Max。通过 Extude 命令分别给平面图中每个区域一个厚度。这样一来，方案效果图的初模就做好了。

步骤三：通过 Map 对话框给每个部分附材质，之后将模型导入 Vray 渲染器中，分别添加灯光和摄相机，最后进行渲染。

步骤四：把宣染图存成 JPG 格式，导入 Photoshop 软件中，对渲染图进行后期处理。后期处理主要是使效果图更完整，不仅可以添加一些植物和人物贴图，而且也可以对整个图片的色调、对比度和分辨率等进行相应的调整，使其更具有真实感。通过这一系列的步骤，一张完整的建筑效果图就绘制完毕。

### 7.3.2 SketchUp 建筑效果图

使用 SketchUp 制作建筑效果图，时间相对较快，适合方案展示时使用，所以中文名称为草图大师。步骤如下：

步骤一：在 AutoCAD 软件中先绘制出建筑平面图，注意在绘制平面图时要注意图层和线型。在分层时一定要注意不同的线型和代表不同类型的线条，比如：用地红线、道路中心线、建筑边缘线、景观线等，可以用不同颜色和粗细的线型表示。

步骤二：通过 Import 命令把 AutoCAD 的建筑平面图导入 SketchUp。通过 Push/Pull 命令分别给平面图中每个区域一个厚度。这样一来，方案效果图的初模就做好了。

步骤三：通过 Paint Bucket 对话框给每个部分附材质，也可导入新收集的素材，丰富整座模型效果。

步骤四：最后通过滑动鼠标，就可展示建筑模型的各个角度效果。

## 7.4 建筑动画的设计制作

建筑动画也称建筑漫游，是虚拟现实发展的产物。运用计算机制作建筑动画主要是使用 AutoCAD、3ds Max、Vray、Maya、After Effects、Photoshop、Premiere 等软件制作。(图 7-30、图 7-31)

图 7-30 After Effects2014

图 7-31 Maya2009

步骤一：建模。一般使用 AutoCAD、Photoshop 绘制建筑平面图，在此基础上使用 3ds Max、Maya 进行建模，完成动画漫游场景所需的建筑模型制作。

步骤二：材质。将附予模型上所有表面的质感，可以通过 3ds Max+Vray 快速简便地为模型提供效果足够好的材质，满足建筑动画的基本需要。

步骤三：动画。根据预先导演的分镜进行动画，建筑动画通常都是以镜头动画为主，然后按镜头号分好文件，等待灯光渲染输出。

步骤四：灯光。按预先导演和美术指导的要求打好灯光，保证每个镜头单帧输出接近需要的效果。

步骤五：渲染。当前面的工作做到充分的时候，就可以进行渲染了。模型的大小、精度、环境氛围等都决定渲染的时间长短，并且要经常看看有没有出现掉帧卡死的现象。

步骤六：合成与后期。渲染好的序列帧，运用 After Effects、Premiere 等软件将一个一个镜头加特效，合一块，再输出，同时配上音乐，这样输出的建筑动画就完工了。

## 7.5 建筑效果图及建筑动画实例赏析

### 7.5.1 建筑效果图赏析（图 7-32 至图 7-40）

图 7–32 黎族博物馆效果图（作者：刘波）

图 7–33 黎族殿效果图（作者：刘波）

图 7–34 黎族游艺馆效果图（作者：刘波）

图 7-35 写字楼建筑鸟瞰图（作者：刘波）

图 7-36 写字楼建筑效果图（作者：王志鹏）

图 7-37 商品住宅效果图（作者：王志鹏）

图 7-38 商品住宅鸟瞰图（作者：王志鹏）

图 7-39 草图建模效果图（作者：肖博能　指导老师：刘波）

图 7-40 草图建模鸟瞰图（作者：肖博能　指导老师：刘波）

### 7.5.2 建筑动画赏析（图 7-41 至图 7-53)

图 7-41 建筑动画《西塘》（作者：万俊）

图 7-42 建筑动画《西塘》（作者：万俊）

图 7-43　建筑动画《西塘》（作者：万俊）

图 7-44　建筑动画《西塘》（作者：万俊）

图 7-45　建筑动画《西塘》（作者：万俊）

图 7-46　建筑动画《西塘》（作者：万俊）

图 7-47　建筑动画《西塘》（作者：万俊）

图 7-48　建筑动画《西塘》（作者：万俊）

图 7-49　建筑动画《西塘》（作者：万俊）

图 7-50　建筑动画《西塘》（作者：万俊）

图 7-51　建筑动画《西塘》（作者：万俊）

图 7–52 建筑动画《西塘》（作者：万俊）

图 7–53 建筑动画《西塘》（作者：万俊）

## 课后思考与复习题

1. 通过课下资料收集，绘制 1 幅手绘建筑效果图。
2. 安装 AutoCAD、3ds Max、VRay、SketchUp 等软件到自己的电脑，尝试运用软件画图。
3. 比较手绘与计算机绘图，谈谈自己更喜欢哪种建筑表现形式。

注：文中 7.5 节所使用的图片由水景石效果图公司教育学院万俊设计师提供，整套建筑动画曾入选建筑界“奥斯卡奖”。

# 第 8 章　建筑模型制作与绿色建筑设计

**本章课程概述：**

本章主要讲解建筑模型制作和绿色建筑设计。建筑模型是按照一定的比例，根据二维平面的建筑设计图纸制作而成的三维立体的空间实体。相较于真实建筑，它采用易于加工的材料，能直观形象地体现设计意图，也能帮助设计者去进一步推敲建筑的形态、空间结构和色彩，以及建筑与地形、环境之间的关系，弥补图纸在表现上的局限性，已被广泛应用于建筑设计、环境设计、房地产开发及销售、工程投标等方面。绿色建筑是近些年的发展方向，主要讲解其理念、作用、方案赏析。

**本章学习目标：**

使学生们循序渐进地掌握建筑模型的制作流程与制作方法。

**本章教学重点：**

掌握建筑模型的种类、用途、做法。理解绿色建筑设计的理念、作用，为未来研究打下基础。

## 8.1 建筑模型分类

建筑模型种类繁多，分类方法不同，类型也不同。制作者分清模型类型，可根据设计及预期效果合理选择，最精准地展现设计亮点。

### 8.1.1 按照用途分类

可分为：设计模型、展示模型、特殊模型等。

(1) 设计模型

设计模型与设计草图一样都是建筑设计师推敲建筑与环境设计的一种方式，它也应用于专业课程教学。设计模型选用的具体类型可根据研究内容有针对性地选择：“体块模型”可辅助设计建筑的造型，“框架模型”可辅助剖析建筑结构，“沙盘模型”可辅助布置建筑周边环境。这类模型对材料、工艺的要求不高，但是对整体的比例和效果要有所控制，不能流于形式。只有这样才能通过设计模型来激发设计者的创意，获得完美的设计作品。（图 8-1、图 8-2）

图 8-1 体块模型

图 8-2 框架模型

(2) 展示模型

展示模型是表现最终设计方案的模型，主要用于商业项目展示、建筑报建、投标审定等。展示模型要严格按照已设计完成的图纸，以适当的比例制作。在制作之前，其材料的选择、色彩的搭配等都要根据原方案进行系统的设计。不仅要表现建筑，还要统筹周边的环境，做工也要细致精良，力求将整体设计细节表现得直观、完整和生动。一般情况下，展示模型还会安装灯光线路等设备，烘托展示环境的气氛。但由于此类模型制作周期长、投资大，一般由专业模型公司数控制作完成。（图 8-3）

图 8-3 展示模型

(3) 特殊模型

特殊模型是指特殊用途、特殊功能和特殊材料制作的模型。例如大型特殊微缩模型利用现代展示手段，使模型可以发光、发声、流水、行车。一些工程动态模型，如电梯模型、地铁模型等，可表现出设计对象的运动过程及构造的合理性，方便设计师陈述设计思想，从而指导建筑施工顺利进行。（图 8-4）

图 8-4 特殊用途模型——工业建筑模型

## 8.1.2 从表现内容分类

建筑模型从表现内容分类，可分为：城市规划模型、园林景观模型、建筑模型、室内模型、构造模型、家具模型、细节模型等。( 图 8-5 至图 8-8)

图 8–5 城市规划模型

图 8–6 园林景观模型

图 8–7 建筑模型

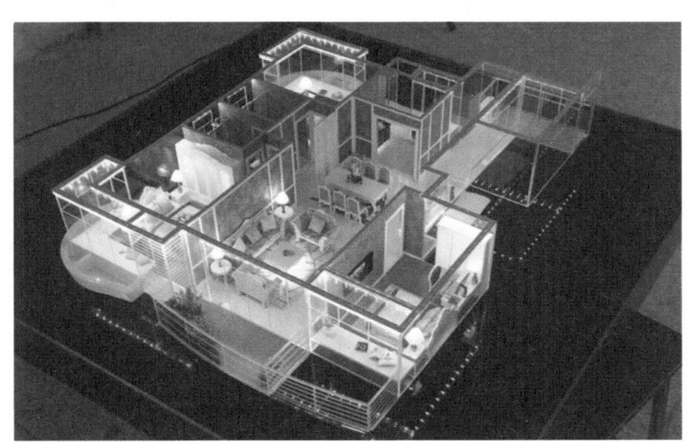

图 8–8 室内模型

## 8.1.3 按照制作材料分类

建筑模型按照制作材料分类，可分为：纸质模型、木质模型、塑料模型、金属模型、石膏模型、陶土模型、综合材料模型等。

(1) 纸质模型

纸质模型的主材是各种质地的纸，主要有卡纸、瓦楞纸、厚纸板、箱纸板及各种装饰用纸等。纸质材料种类规格多样，色彩肌理丰富，加工方便，能适应各种场合的需要。因此，纸质模型也是最常见的一种建筑模型。(图 8-9)

图 8-9 纸质模型

(2) 木质模型

木质模型常以实木板、纤维板、细木工板、胶合板等作为主材。一般的木工工具就可以对木质材料进行加工，一些建筑细节，也可以做精细深入的处理。木质材料的天然色泽及纹理常常会被保留，也可在其表面做喷漆处理，使模型达到仿真效果。(图 8-10)

图 8-10 木质模型

(3) 塑料模型

塑料模型是在商业领域应用得最为广泛的。首先，现代制作工艺水平的提高使塑料材质的种类特别丰富，有 KT 板、PVC 板、ABS 板、泡沫塑料板、吹塑板、亚克力板、有机玻璃板等；其次，大型的模型制作设备可以对一些塑料材质进行深加工；第三，一些现代的模型制作技术也离不开塑料材质，如 3D 打印技术，其打印实质就是在挤出头不停来回涂抹挤出熔化塑料，以此来塑造模型。(图 8-11)

图 8-11 3D 打印建筑模型

(4) 黏土和石膏模型

黏土和石膏模型通常是概念类模型。黏土和石膏也常于模型地形的制作，因为它们适于曲面及不规则面等造型的塑造。石膏制作时需要填充到模具内，待凝固后再做造型。黏土和石膏还可以复制各种家具模型、人物和车辆等配景物。(图 8-12)

图 8-12　黏土模型

(5) 综合材料模型

为了实现较好的效果，现代建筑模型一般都是多种材料综合使用制作而成。例如纸材质一般不独立使用，它的制作基础来源于其他材料，如 KT 板、PVC 板、木板以及各种方材、管材。单独使用纸材来制作模型的支撑构件容易造成变形、弯曲、起泡等现象。综合运用多种材质，可以充分发挥其优良特性，达到最好的制作效果。

## 8.2 建筑模型制作工具及制作方法

### 8.2.1 建筑模型制作工具

模型制作工具可有效提高建筑模型的工作效率，提升产品质量。可以应用的制作工具有很多，应根据所选择的制作材料灵活选择。同时，要注意工具的保护保养。常用的工具包括手工工具、机械工具和数控设备三大类。

(1) 手工工具

手工工具包括各种测量工具，有直尺、钢尺、切割尺、三角板、比例尺、丁字尺、游标卡尺、圆规、分规等；分割工具，有美工刀、钩刀、尖头刻刀、木刻刀、剪刀、锉刀、手工锯等；修整工具，有螺丝刀、引导线、钢锉、钢锥、钢丝钳等。（图 8-13、图 8-14）

图 8-13　切割尺

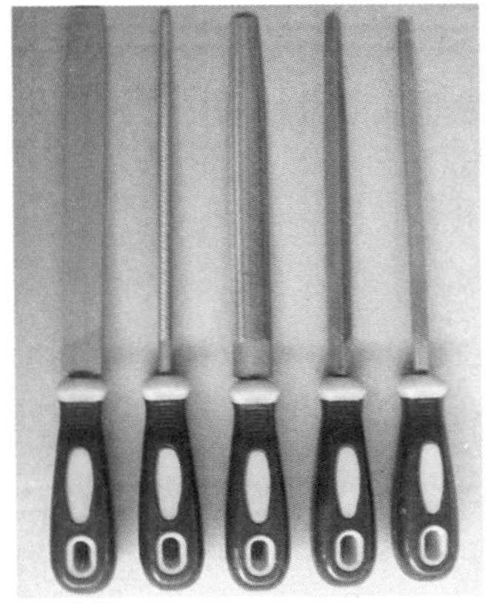
图 8-14　锉刀

(2) 机械工具

机械工具是指采用电力、油料、燃气、液压等为动力源的加工设备，常见的有电锯、切割机、钻孔机、

打磨机、热熔机、喷涂机等。机械工具要谨慎操作，掌握正确的使用方法，保障使用安全。（图 8-15、图 8-16）

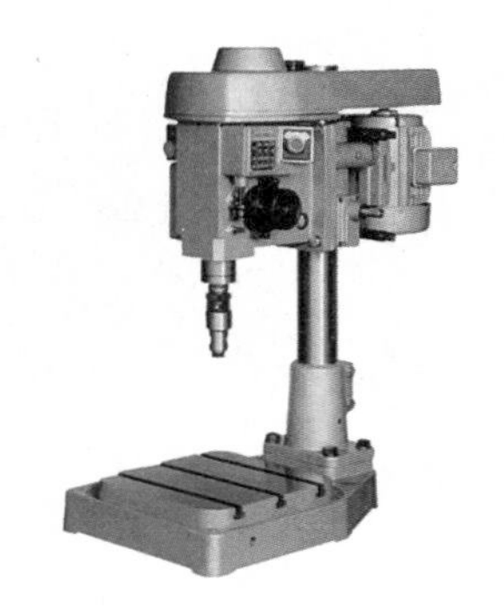

图 8-15 钻孔机

图 8-16 喷涂机

（3）数控设备

随着科技的发展，数控设备已成为建筑模型制作过程中的重要工具。由于使用计算机控制，数控设备可根据 CAD 图纸对模型材料作自动加工，这不仅提高了制作效率，更提升了制作水平。后期，制作者只需将这些加工好的材料手工粘结即可。数控设备也是建筑模型制作企业普遍运用的设备。常见的有：数控切割机、数控雕刻机、三维成型机等。（图 8-17 至图 8-19）

图 8-17 数字切割机

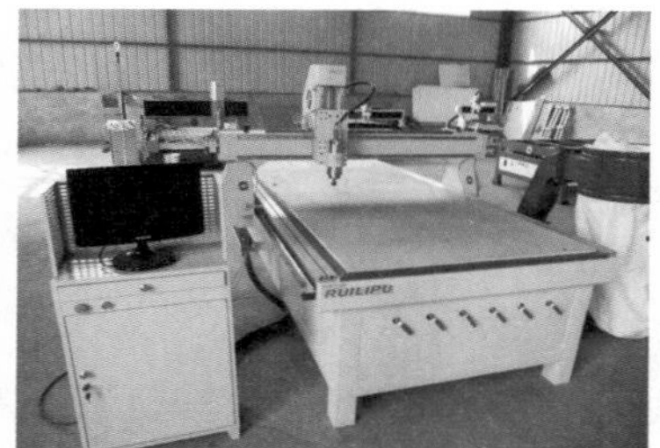

图 8-18 数控雕刻机

图 8-19 大型数控三维板材复合成型机

### 8.2.2 建筑模型的制作方法

建筑模型制作前要计划好整个的制作流程，熟悉并分析好设计图纸，选定制作比例及材料。具体制作的一般程序为：先分别制作好建筑和底盘，再制作外环境，之后将建筑与底盘、外环境衔接好，最后再根据整体效果修饰与调整细节，直至模型的完成。

（1）建筑制作

手工制模需要先将设计图纸按比例放样，然后再根据放样的图纸进行下料。数控制模则要根据施工图按比例设计出建筑的结构，并在电脑上分解成不同的板块，按施工的要求设计出外立面、铺装的肌理等细节，然后发送到雕刻机在 ABS 板上雕刻出相应的板块。接着就是根据设计图纸用粘合剂将这些板块进行拼接组合。建筑的框架制作完成后，要把墙面、屋顶天台、屋面瓦、门窗、玻璃幕墙、阳台、风雨棚、台阶、立柱等细节进

图 8-20 雕刻机下料

行制作。最后，要根据设计图纸对建筑的色彩进行调整，可调和出油漆的颜色，喷在相应位置。( 图 8-20 至图 8-24)

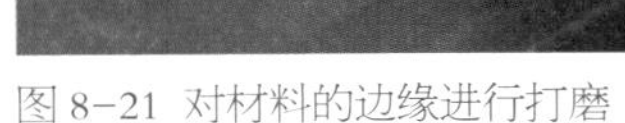
图 8-21 对材料的边缘进行打磨

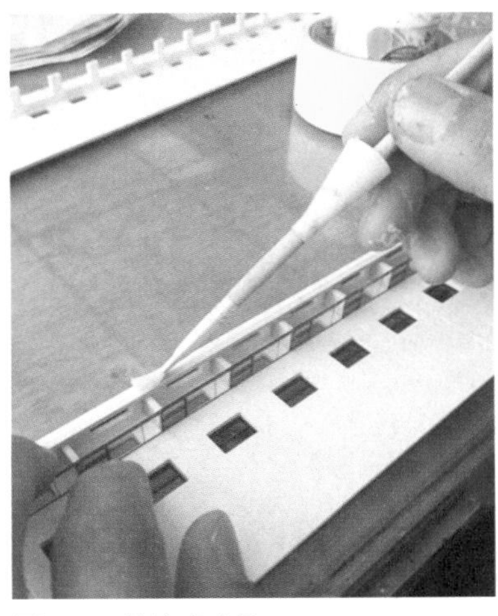

图 8-22 粘接半成品

图 8-23 修饰细节

图 8-24 建筑模型完成

（2）底盘制作

底盘用于放置建筑模型主体、配置环境，由台面、边框及支架三部分组成。底盘的制作要遵循美观、牢固、方便运输等原则。制作底盘的材料有很多种，有木方、细木工板、密度板、高密度泡沫塑料板、KT 板、ABS 板、亚克力板等。如果制作动态沙盘，需安装相关亮化设备或有真水流动系统，则需选择便于用电钻打孔或用电锯进行切割的材料。如果底盘面积较大，还需在底部做上横竖龙骨以稳固支撑。为了方便运输有时会将底盘制作成几个小台子，然后拼到一起。（图 8-25）

（3）外环境制作

①地形制作

在建筑模型中，山体、斜坡、湖泊等自然地形影响着整个建筑环境的整体表现。通常来讲，地势高差较大、层次分明的地形适合用等高线制作法；表现类模型中带有山坡丘陵等的地形可用黏土或石膏浇筑完成；

还可以使用泡沫进行切割、雕塑得到最终地形。(图 8-26、图 8-27)

图 8-25 底盘背部由横竖龙骨作支撑，底盘下布置灯光电线

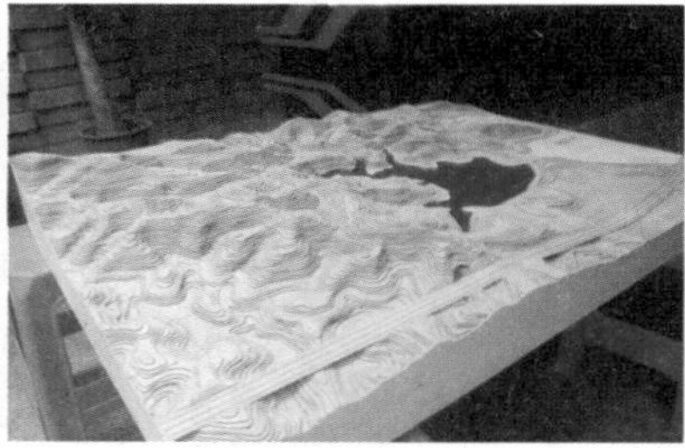

图 8-26 等高线地形效果

图 8-27 丘陵地形效果

②路面制作

建筑模型环境中路面的形式众多，按照实际环境，制作手法也有不同。制作时可以直接在底盘上喷涂油漆，也可以裁切各色的不干胶或壁纸粘贴在底盘上，还可以用雕刻机按照设计图纸在 ABS 板上精细雕刻后再喷涂上所需颜色。(图 8-28)

图 8-28 路面制作效果

③水体制作

水体是建筑模型外环境中一项重要的表现内容，其表现既不能脱离实际，又要比实际简练概括。可以直接用颜料喷画，也可以用带有水纹图案的不干胶纸直接粘贴，并在上面铺透明的有机玻璃板、玻璃、水纹玻璃或水纹塑料板。还可以通过将水循环系统藏于底盘下，并在池子内做防水处理的方法制作出真水环境。(图 8-29)

图 8-29 水体制作效果

④绿化制作

绿化是建筑模型的色彩基调，包括草坪、树木、绿篱、花境等。平整的草坪可用草皮纸直接粘贴，有起伏的草坪可用撒草粉的方法完成。树木是模型比例关系的参照物，要根据模型整体关系布置，形式有具象和抽象两种，可直接按比例购买成品或用细铁丝、泡沫塑料、丝瓜瓤、海绵等制作。绿篱、花境在建筑模型中常与树木搭配使用，可用涂色海绵条制作。( 图 8-30 至图 8-35)

图 8-30　草坪纸适合平整场地应用

图 8-31　草粉适合在有起伏的地形中应用

图 8-32　写实树的应用

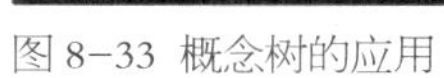

图 8-33　概念树的应用

图 8-34　绿篱、花境制作材料

图 8-35　绿篱、花境应用效果

⑤配景小品制作

建筑模型外环境中的各种配景小品，如假山、石景、交通车辆、桥、座椅、路灯、栏杆、走廊、过道人物等，可以提高其观赏性，使其更加生动。这些可直接购买成品，也可充分利用生活中的物品进行加工。( 图 8-36、图 8-37)

图 8-36　配景小品制作

图 8-37　配景小品制作

## 8.3 建筑模型作品赏析

### 8.3.1 现代建筑模型制作

该建筑模型是一组学生习作，作者是吴涛、彭浩、甘辉典。他们选择夹板和玻璃作为模型的主材，利用电锯对板材进行加工。外立面的细节使用木条及 ABS 条进行装饰。模型外环境主要用黑褐两色石子进行装饰。抽象树木使用细铁丝制成。制作者还在建筑主题周边设置了射灯，使模型效果更为丰富。（图 8-38 至图 8-41）

图 8-38 树木与铁丝

图 8-39 树木与铁丝

图 8-40 树木与铁丝

图 8-41 树木与铁丝

### 8.3.2 别墅模型制作

由于别墅及庭院的体量相对较小，该模型用了 1 ： 50 的比例。选用较大的比例，在制作时要做到精细体现设计细节。建筑的色彩，顶、立面，铺装的材质，门窗、栏杆的具体形式等都要做到准确无误。庭院的绿化也要尽量接近实际设计效果。（图 8-42、图 8-43）

图 8-42 别墅

图 8-43 别墅

### 8.3.3 清远时光小区规划模型制作

该商业项目占地面积较大，因此项目环境及周边道路地形都需要在模型中予以展现，选择了较小的比例 1 ： 1500 进行制作。整体风格色彩都简洁统一。主要材质为：PVC 板、ABS 板、亚克力板、有机玻璃板。( 图 8-44、图 8-45)

图 8-44 小区规划

图 8-45 小区规划

### 8.3.4 南京报恩寺模型制作

南京报恩寺模型最大的特点是其中的中国古典建筑。模型以 1 ： 800 的比例进行制作，将中国古典建筑的色彩、肌理、构造特色都精准地体现了出来。( 图 8-46、图 8-47)

图 8-46 南京报恩寺

图 8-47 南京报恩寺

### 8.3.5 东莞廖步文化馆模型制作

东莞廖步文化馆的设计运用了很多几何形态，并充分利用了地形的优势。模型以 1 ： 500 比例进行制作，将建筑设计亮点都展现出来。建筑大部分采用灰白色 ABS 板，天窗等透光部分采用磨砂有机玻璃板，水面使用蓝色有机玻璃板。在绿化制作时，制作者统一在绿色调下进行了深浅搭配，使得整体色调和谐清新，很好地衬托了建筑。( 图 8-48、图 8-49)

图 8-48 东莞廖步文化馆

图 8-49 东莞廖步文化馆

## 8.4 绿色建筑的概念与作用

### 8.4.1 绿色建筑的概念

1992 年巴西里约热内卢“联合国环境与发展大会”中，与会者第一次明确提出了“绿色建筑”的概念。《绿色建筑评价标准》(GB /T 50378-2014) 中对绿色建筑的定义是：“在建筑的全寿命周期内，最大限度地节约资源，保护环境和减少污染，为人们提供健康、适用和高效的使用空间，与自然和谐共生的建筑。”

所谓“绿色建筑”，并不是指字面意义上的立体绿化、花园或绿色的建筑，而是代表一种概念或象征，是指在建筑的全寿命周期内，在满足人们使用要求的前提下，充分利用周围环境与自然资源，不对环境和生态平衡产生破坏，且在不会危害人类健康的条件下建造的建筑。

绿色建筑在建造和使用过程中能够在最大程度上节约资源（如节约能源、节约用地、节约用水、节约建材等）、保护环境及减少污染，为人类提供健康、舒适和高效的使用空间，使人与自然和谐共生。所以“绿色建筑”又常被称为生态建筑、可持续发展建筑、节能环保建筑等。

### 8.4.2 绿色建筑的作用

绿色建筑的核心指导思想是舒适、健康、高效。由于人们超过 80% 的时间在室内度过，室内环境的优劣极大地影响着人员的舒适、健康和生产效率。绿色建筑在设计与建造的过程中，充分考虑建筑物与周围环境的协调，利用光能、风能等自然界中的能源，最大限度地减少能源的消耗以及对环境的污染。其室内布局合理，减少使用合成材料，充分利用阳光，节省能源，为居住者提供健康、舒适而安全的室内物理环境。

### 8.4.3 绿色建筑设计理念

绿色建筑设计理念包括以下几个方面：

（1）节约能源

充分利用太阳能，采用节能的建筑围护结构以及采暖和空调，减少采暖和空调的使用。根据自然通风的原理设置风冷系统，使建筑能够有效地利用夏季的主导风向。建筑采用适应当地气候条件的平面形式及总体布局。

（2）节约资源

在建筑设计、建造和建筑材料的选择中，均考虑资源的合理使用和处置。要减少资源的使用，力求使资源可再生利用。节约水资源，包括绿化的节约用水。

（3）回归自然

绿色建筑外部要强调与周边环境相融合，和谐一致、动静互补，做到保护自然生态环境。

## 8.5 绿色建筑设计实例赏析

### 8.5.1 项目简介

合肥金融港项目位于合肥市湖滨新区，定位为金融主题产业园，于2013年10月开工建设，总投资35亿元，占地 171 亩，建筑规模约 61 万方，将建造 10 栋高层办公楼（14~23 层），14 栋多层独栋办公楼（5~6 层），1 栋经济型酒店（19 层），配套商业裙房、会议中心及地下停车库与设备用房。项目于 2015 年获得安徽省绿色建筑示范工程称号，目前，绿建建筑二星级设计标识申报审批中。(图 8-50)

图 8–50　合肥金融港

### 8.5.2 绿色建筑主要技术措施

（1）围护结构节能设计

项目外墙保温采用玻纤网及专用砂浆保护层加岩棉板，屋顶采用细石混凝土 ( 内配筋 ) 加硅酸盐无机发泡保温板，外窗采用铝合金低辐射中空玻璃窗，传热系数 2.80W/（$m^2$·K），玻璃遮阳系数 0.59，气密性为 6 级，实现了建筑设计节能率达 65.28%。( 图 8-51)

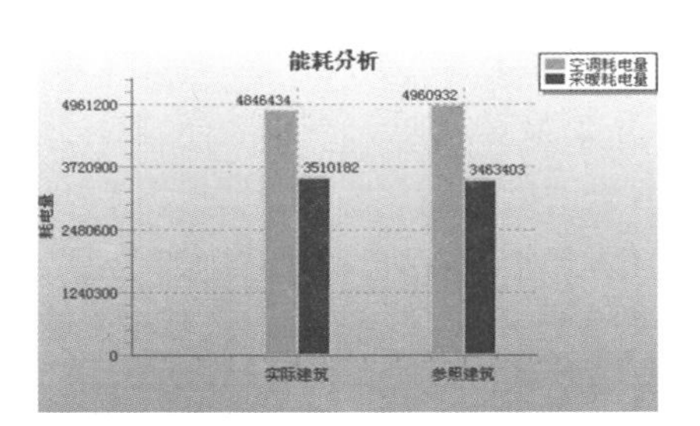


图 8–51　能耗分析

（2）空调设备节能设计

项目采用自建能源站解决园区供冷供热问题。夏季采用冰蓄冷技术，利用昼夜电价峰谷差异，合理调节电力使用方式；冬季主要采用燃气锅炉供热方式提供热量。冷负荷指标 73.4W/$m^2$，热负荷指标 48W/$m^2$。其空调、锅炉设备能源利用效率均符合《安徽省建筑节能设计标准》的规定。

（3）可再生能源应用

项目酒店部分配有集中式太阳能热水系统。集中集热系统太阳能利用效率高，可根据要求实现 24 小时供水或定时供水。使用后出水温度按 60℃计算，达到再生能源产生的热水量不低于建筑生活热水消耗量的 10% 的要求。(图 8-52)

图 8-52 再生能源

（4）地下空间自然采光设计

项目在地下室中设计了自然采光通风井和光导照明系统，以改善地下空间的自然采光效果。可提供 10 小时的自然光照明，无能耗，一次性投资，节约能源。系统照明光源取自自然光线，光线柔和、均匀，全频谱、无闪烁、无眩光、无污染，并通过采光罩表面的防紫外线涂层，滤除有害辐射。(图 8-53、图 8-54)

图 8-53 生态采光

图 8-54 生态建筑绿化

（5）空气质量监控系统

项目地下室设置 $CO_2$ 浓度监控系统，并与新风系统联动，确保室内空气质量良好。

（6）智能化系统设计

项目智能化系统设计主要包含消防报警及联动控制系统、有线电视系统、智能疏散逃生系统、综合布线系统、电话配线系统、闭路电视监控系统等，设置完善合理。（图 8-55）

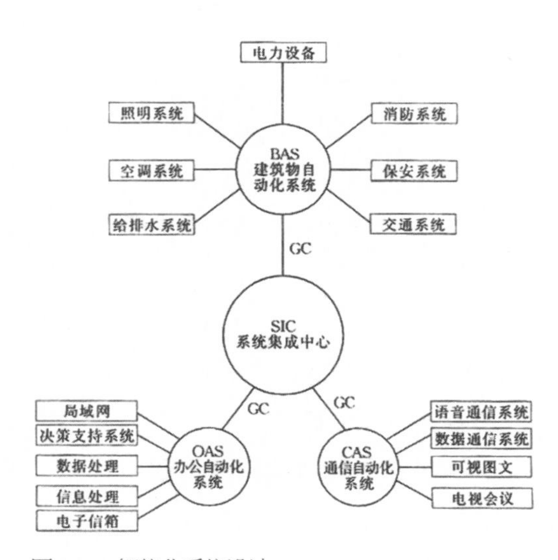


图 8-55 智能化系统设计

（7）雨水回用系统设计

为充分利用水资源，项目结合自身特点，设计雨水回用处理设施，收集屋面及室外铺砖雨水。雨水将经过过滤消毒处理后经增压泵提升至使用点，用于车库、硬质道路冲洗及室外绿化灌溉，出水水质应满足城市杂用水水质标准。（图 8-56）

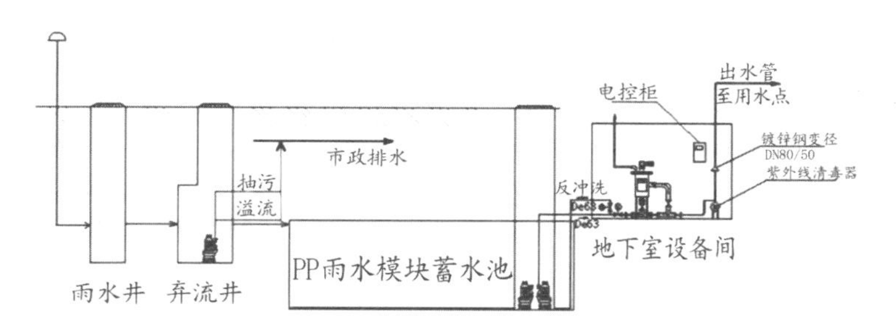


图 8–56　雨水回收设计

（8）节水灌溉

喷灌是由管道将水送到位于田地中的喷头中喷出，有高压和低压的区别，也可以分为固定式和移动式。固定式喷头安装在固定的地方，有的喷头安装在地表面高度，喷头的压力不超过 200Pa，过高会产生水雾，影响灌溉效益，喷头有可以转动的，转动可以是 360 度回转也可以是转动一定角度，流量达到 3~76 升 / 秒。（图 8-57）

图 8–57　节能喷灌设计

### 8.5.3 总结

项目综合运用了建筑围护结构节能、空调节能设计、可再生能源利用、光导照明、雨水回用、节水灌溉及空气质量监控等效果明显的多项技术，在兼顾初期投资成本的前提下，实现了绿色建筑二星级目标，同时提高了人员办公舒适度，达到了节约能源、保护环境、可持续发展的目的，真正体现了绿色建筑的现实意义。

## 课后思考与复习题

1. 建筑模型有哪些类型？
2. 考察建材市场、模型材料商店，识别各种模型材料、工具。
3. 根据课堂知识完成一幢小型建筑的模型制作。
4. 绿色建筑设计理念是什么？
5. 绿色建筑主要技术措施有哪些？

注：文中 8.1、8.2、8.3 未标注来源的模型图片由深圳市侨宸智能模型有限公司提供。文中 8.5 图片、数据由安徽省建筑设计研究院有限责任公司王东红、王南山提供。

# 参考文献


[1] 吕元 . 建筑设计初步 [M]. 北京：机械工业出版社，2016

[2] 黄源 . 实验教程建筑设计初步与教学实例 [M] . 北京：中国建筑工业出版社，2007

[3] 黄信 . 建筑设计初步 [M] . 北京：人民邮电出版社，2015

[4] 徐淑娟 . 建筑设计初步实验教材 [M] . 武汉：武汉大学出版社，2013

[5] 王金贵 . 建筑 · 园林 · 装饰设计初步 [M] . 北京：北京大学出版社，2014

[6] 马珂 . 建筑初步 [M]. 北京：中国青年出版社，2013

[7] 田学哲 . 建筑初步 [M]. 北京：中国建筑工业出版社，2010

[8] 朱德本 . 建筑初步新教程 [M]. 上海：同济大学出版社，2009

[9] 浙江大学建筑系二年级教学组 . 建筑设计进阶教程——设计初步 [M]. 北京：中国电力出版社，2015

[10] 曾旭东 . 数字技术辅助建筑节能设计初步 [M]. 武汉：华中科技大学出版社，2013

[11] 郑建启，汤军 . 模型制作 [M]. 北京：高等教育出版社，2007

[12] 梅映雪 . 建筑模型制作 [M]. 长沙：湖南人民出版社，2009

[13] 杨丽娜，张子毅 . 建筑模型设计与制作 [M]. 北京：清华大学出版社，2013

[14] 李映彤，汤留泉 . 建筑模型设计与制作 [M]. 北京：中国轻工业出版社，2010.8

[15] 绿色建筑评价标准 GB/T50378-2006

[16] 杨晚生 . 绿色建筑应用技术 [M]. 北京：化工工业出版社，2011

[17] 马珂，师宏儒 . 建筑初步 [M]. 北京：中国青年出版社，2013

[18] 陈汗青 . 设计管理基础 [M]. 北京：高等教育出版社，2009

[19] 朱明健 . 室内外设计思维与表达 [M]. 武汉：湖北美术出版社，2002

[20] 许开强 . 工业产品设计 [M]. 武汉：湖北美术出版社，2005